U0137632

福州市生态环境
教育科普项目

玩中学

自｜然｜观｜察｜手｜册

福州市生态环境宣传教育中心 ／ 编著

海峡出版发行集团
海峡书局

图书在版编目（CIP）数据

玩中学：自然观察手册/福州市生态环境宣传教育中心编著．— 福州：海峡书局，2024.5
ISBN 978-7-5567-1237-3

Ⅰ．①玩… Ⅱ．①福… Ⅲ．①环境教育－教育旅游－研究－福州 Ⅳ．① X321.257.1

中国国家版本馆 CIP 数据核字（2024）第 097632 号

出 版 人：林前汐
策 划 人：曲利明　李长青　张　锋
编 　 著：福州市生态环境宣传教育中心
责任编辑：李熙慧　陈　尽　黄杰阳　邓凌艳　陈映辉
营销编辑：陈洁蕾
责任校对：卢佳颖
装帧设计：李　晔　林晓莉　董玲芝　黄舒堉

WÁN ZHŌNG XUÉ —— ZÌRÁN GUĀNCHÁ SHǑUCÈ

《玩中学——自然观察手册》

出版发行：海峡书局
地　　址：福州市台江区白马中路 15 号
邮　　编：350004
发行电话：0591-88600690
印　　刷：深圳市泰和精品印刷有限公司
开　　本：889 毫米 × 1194 毫米　1/16
印　　张：26
图　　文：416 码
版　　次：2024 年 5 月第 1 版
印　　次：2024 年 5 月第 1 次印刷
书　　号：ISBN 978-7-5567-1237-3
定　　价：98.00 元 / 全 2 册

编委会

主　编 / 陈杨炀

副主编 / 刘　姣

指导单位 / 福州市生态环境局

序

走，一起去探索自然

福州的每个季节都有不同的感受，春季的阴雨，暑假的湿热，似乎是金秋十月过后才有一丝凉意。这个水道遍布、绿意盎然的城市是一处神奇的乐土。对于喜欢探索自然的人来说，行走在这座城市中，总是惊喜连连、好运不断。

无论身处城市中心还是远郊森林，你都能感受到如同亲临电影场景中的兴奋——高大壮观的植物、数不胜数的小精灵，把这片沃土点缀得万般迷人。

数百万人口生活在这片土地上，熙熙攘攘的人，会让我们误认为自己是这片土地上数量最多的生命。其实，仅仅一个城市公园的昆虫个体数量，可能就是城市总人口的几十甚至上百倍。全世界已知的动物约150万种，昆虫就占了100多万种，是地球上数量最多的野生动物。

动物与人和谐共存在这座城市，时不时会有一些故事发生。就拿盛夏来说，福州出现的蝴蝶种类繁多，令人眼花缭乱。雨后在溪流或池塘边湿润的泥土上往往可见数群蝴蝶，近百只匍匐地上，伸着像吸管的口器如饥似渴地吸取水中的盐分，有时一个蝴蝶群可由多达数十个不同的蝶种组成。

探索自然只是了解我们所处的城市吗？答案是否定的。人类来自于自然，对自然的认知是人的知识体系中不可或缺的一环，与自然的和谐共处也是健全人格的一大突出表现，青少年在探索自然的活动中将更好地感知世界、认识世界、融入世界。

如果说探索自然是打开自然之门的一把钥匙，那么深入观察可以说是探索大自然的催化剂。本书集合了福州常见的动物400余种，并且绘制了福州生物多样性的手绘地图，帮助青少年更好地了解身边的大自然，开启他们探索大自然的重要一步，了解这个世界的另一面。

万物各得其和以生，各得其养以成。身边的生物多样性，值得我们投入更多的关注。保护生物多样性也是保护我们自己。

目录

如果你是一个热爱自然的人，一定会爱上福州这座城市。行走在福州，四季常青、鸟语花香……在福州的山水间，就会发现这个城市自然景象和生命群体的丰盛。

在闽江河口湿地，世界濒危的勺嘴鹬、中华凤头燕鸥在悠闲地觅食；福州国家森林公园的八一水库中能偶遇鸟类活化石——中华秋沙鸭；在永泰的山林中看到翩翩飞舞的金斑喙凤蝶；在福山郊野公园中和豹猫、食蟹獴擦身而过；在北峰的高山和溪流中，隐藏着小腺蛙和穿山甲；在闽江里发现原生鱼的身影；在长乐的沙滩上看到一只只争夺"房子"的寄居蟹……这中间还穿插着漫天的星星、雪白的云海、海浪拍打沙滩的曼妙。

依山傍海、亚热带的温暖、海洋季风带来的雨水滋润着福州的万物生长。福州的美，很大程度上是自然的美，是让人无法言表的那部分。

福州，有福之州。

福州是习近平生态文明思想的重要孕育地和先行实践地。近年来，福州市生态环境质量持续改善提升，生态环境形势总体向好，主要环境指标在全国省会城市排名前列。国家环保模范城市、全国文明城市、国家森林城市、国家园林城市、首届全球可持续发展城市奖（上海奖）等荣誉，让"福山福水福州城"的名号蜚声海内外。

福州山海概况

福州位于欧亚大陆东南边缘，地处我国东南沿海、福建省中东部的闽江口。全市的陆地总面积11968平方千米。截至2020年，建成区总用地面积约305平方千米。

福州属典型的河口盆地，盆地四周被群山峻岭所环抱，其海拔多在600-1000米之间。东有鼓山，西有旗山，南有五虎山，北有莲花峰。境内地势自西向东倾斜。山地、丘陵占全区土地总面积的72.68%。鹫峰、戴云两山脉斜切南北，闽江横贯市区东流入海。

于山、屏山、乌山"古城三山"是福州城的标志。随着城市空间的向外拓展，"三山"的格局也有了拓展和延伸，除保留古城的屏山、于山、乌山作为"小三山"，以金鸡山、金牛山、高盖山形成了中心城的"中三山"，以五虎山、鼓山、旗山、莲花山为"外四山"，这些山体形成福州"城在山中，山在城中"的风貌骨架。

以莲花山—屏山—于山—乌山—烟台山—高盖山—五虎山为主构成了现代福州城市的"文化轴"山体系列，以闽江"南北两港"和沿岸的山体构成福州市具有特色的"山水轴"，上述"三山两轴"形成福州市城市山体保护的总体格局。

福州管理的海域总面积为8200平方千米，大陆岸线总长963千米，乡级建制以上海岛岸线390千米，岛礁485个。

生物多样性丰富

在大大小小的山体保护的同时，山体格局、地形地貌、植被特征等自然资源也一并保留下来，给福州大量本地物种保留了栖息的空间。正是基于这样的生态，福州市成为全国生物多样性程度最高的省会城市之一。根据公开数据，福州市野生动植物种类繁多，属于国家重点保护的野生动物有144种，属国家重点保护的珍稀野生植物有63种。已知鸟类460多种，已定名昆虫5000多种，两栖类43种，爬行类120种，兽类113种，鱼类815种等。

来到福州的滨海，海底生命的缤纷绚丽也在精彩呈现。洋流的流动把含盐量高低不同的海水带来福州，滋养了丰富多样的亚热带物种。滩涂、红树林、珊瑚礁、沙滩，迂回曲折的礁石、海湾，多样的地形为多样的海洋生命提供了栖息地。地球上生物分类的33个门，有12个门的生物仅存于海洋中。海洋中的多样和美丽也可从福州海滨撩开。

自然观察地推荐

我们每天都在大自然之中，她的神奇与美丽带给我们无限的遐想。生活在福州的青少年有着得天独厚的自然条件，现推荐几处特别适合观察的区域，以供参考。

01 福山郊野公园

位于福州市鼓楼区西部，闽江东侧，串联大腹山、五凤山、科蹄山三座山体，形成了以看山看水看城为特色的大型城市郊野公园。

福山郊野公园占地200公顷，步道总长约20千米。公园风景秀美，展现山林乡野风貌，生态环境优越，物种多样性丰富，打造全省"最美观鸟公园步道"，建成集休闲健身、观赏了解和保护野生动植物为一体的自然教育基地。

02 福州国家森林公园

　　又名福州植物园，是全国十大森林公园之一。它位于福州晋安区新店镇赤桥村，公园总面积2891公顷，三面青山环抱、群峰如屏，南临八一水库，龙潭溪自北向南流经园中。

　　公园已有榕树园、苏铁园、竹园、珍稀植物园等12个植物专类园区，是一座园林景观优美、科学内涵丰富的南亚热带植物的大观园。2023年，国家一级重点保护野生动物——中华秋沙鸭现身公园内的八一水库，引发广泛关注。

03 金牛山福道

位于福州市鼓楼区，以金牛山山体为蓝本，公园风光纯朴自然。这里建有福道，即福州城市森林步道。福道采用全国首创钢架镂空设计，东北接左海公园，西南连闽江廊线，中间沿着金牛山山脊线，贯穿左海公园、梅峰山地公园、金牛山体育公园、国光公园、金牛山公园等地方。

福道是福州开展城市绿色通道和生态走廊建设的成果，通过空中和地面建设生态休闲步道、滨海亲水绿道、街区林荫绿道，把山、水、人、城融为一体，让市民推窗见绿、开门进园、行路见荫。

04 金鸡山公园

位于福州晋安区金鸡山麓，总占地面积约110公顷，是集林、鸟、花、景、瀑、栈道于一体的山地公园，也是一处可以游玩山野的风景园林区。公园由环城山脉嵌入，为低山丘陵地貌，地势东北高西南低，海拔在30-116米之间，属亚热带季风季候，温暖湿润，四季常青，拥有大面积的原生林，林中负氧离子浓度高、空气清新。

05 闽江河口湿地

　　位于福州市长乐区和马尾区交界处闽江入海口区域，面积2381.85公顷。闽江河口湿地是我国单位面积水鸟种类和数量分布最多的区域之一，吸引了中华凤头燕鸥、勺嘴鹬、黑脸琵鹭等珍稀濒危鸟类栖息觅食。据监测，这里共有鸟类313种，常年在此迁徙停歇的水鸟超5万只，湿地现有的80种国家重点保护野生动物中80%以上为鸟类。

　　近年来，闽江河口湿地先后荣膺"中国中华凤头燕鸥之乡""中国十大魅力湿地"等称号，入选2020年国家重要湿地名录，2023年2月被列入国际重要湿地名录。

06 鼓岭、鼓山

鼓岭旅游度假区，位于福州市晋安区，总规划面积8864公顷，核心区面积950公顷，鼓山风景名胜区位于其中，海拔969米。

这里现有两处世界级模式标本原产地古树群，拥有福州"四大树王"中的苏铁王，树龄长达1300年的柳杉王以及2400多种被子植物，动植物资源非常丰富。

常见陆生物种

普通鵟[kuáng]

Buteo japonicus

🦅 鹰形目 / 鹰科　　◎ 国家二级重点保护野生动物

　　普通鵟，每年冬天都会光顾福州，妥妥的冬候鸟。它就是标准的鵟的样子。它们喜欢站在高大的树上或者电塔上观察，也会在空中悬停，和红隼相比算是灵活的胖子吧。普通鵟会利用翅膀在空中微调，再飘逸而迅猛下冲捕食。

凤头鹰

Accipiter trivirgatus

🦅 鹰形目 / 鹰科　　◎ 国家二级重点保护野生动物

　　凤头鹰头上有一小簇羽冠，粗壮的腿、锋利的爪子、凶狠的眼神，和它猛禽的身份非常符合，可带着白色的"尿垫"出门，又是辨别它们的典型特征。凤头鹰飞翔的时候，肚子下靠近尾部会有突出的一簇白色的羽毛，呈现方形"尿垫"。它们经常藏身在树枝的角落，发现猎物后迅速出击。城市中的老鼠是它们的最爱，福州几乎每一个小山包上都有凤头鹰的身影。

"尿垫"

凤头鹰

蛇雕
Spilornis cheela

🦅 鹰形目 / 鹰科　　🐍 国家二级重点保护野生动物　　👁 "蛇类杀手"

　　体型巨大，从它的名字当中，就能知道这是一种以蛇为食的猛禽，在福州也能见到蛇雕伴随着上升气流在空中优雅地盘旋。蛇雕脚爪上覆盖着坚硬的鳞片，像一片片小盾牌，可以抵挡住蛇的毒牙进攻。尖利的脚趾粗而短，能够有力地抓住蛇滑溜溜的身体。它那双凶悍锐利的眼睛，能看到1000米以外一条游动的蛇。

没有一条蛇能逃过我眼睛的扫射

蛇雕以蛇类为主食，也食其他爬行动物、两栖动物、小型鸟类、小型哺乳动物等

红隼[sǔn]

Falco tinnunculus

鹰形目 / 鹰科　　国家二级重点保护野生动物　　"空中悬停"

小型猛禽之一，行动快速、敏捷。红隼有着独特的飞行方式——悬停，利用自己高超的飞行能力，在很少扇动甚至不扇动翅膀的情况，只借助风的力量在低空几乎保持不动，等猎物出现。雄鸟头蓝灰色，背和翅上覆羽砖红色，雌鸟上体从头至尾棕红色。生活在城市之外的红隼，筑巢的时候常常在崖壁上，城市中它们也会安家。如果你住在高层的楼房，足够幸运的话，你家的阳台或者空调外机的小平台都可能成为红隼的家。

红隼

斑头鸺鹠 [xiū liú]

Glaucidium cuculoides

🦉 鸮形目／鸱鸮科　　◎ 国家二级重点保护野生动物　　🐱 "小猫头鹰"

我是鸟界猫咪～

　　鸮形目中的鸟统称为猫头鹰。所有鸮形目的眼睛都长在同一个平面，也是鸟界的猫。别看它们长得萌萌的，却也能像鹰一样在空中捕捉小鸟和大型昆虫。大部分猫头鹰都是昼伏夜出的，但也有白天活动的。斑头鸺鹠和领鸺鹠都是全天性活动的，即使在强烈的阳光下，它们也可随心所欲地飞翔。高大乔木的树窟窿、古老建筑的墙缝和废旧仓库的裂隙，都是它们筑巢做窝的理想地点。雄鸟要为雌鸟产卵和育雏提供一个避风躲雨并不致遭到敌害侵袭的安全场所。

喵！

　　它们会在晨昏时发出快速的颤音，调降而音量增。另会发出一种似犬叫的双哨音，音量增高且速度加快，不断重复至全音响，在宁静的夜晚，可传到数千米外。

家燕
Hirundo rustica

雀形目／燕科　　"飞行高手、捕虫高手"

在城市之中，也有不少鸟类生活在人类周围，它们亲近人类，和人类相伴

与人亲近的小鸟

燕子是与人类最亲近的鸟类之一，它们把自己的鸟巢不作任何隐藏地暴露在人类面前，还喜欢把巢建在人的住所中。燕子返还是大地回春的标志，它们在空中不停歇地觅食。人类居住的环境，如房顶、电线等人工构筑物上都能见到它们的身影。如果这家人搬家了，燕子来年可能也不会继续做窝。也有人注意到，家燕在筑巢时候也是有选择的，通常都是干净不嘈杂的。

家燕善飞行，整天大多数时间都成群地在上空不停地飞翔，飞行迅速敏捷。家燕的尾巴呈分叉剪刀状，飞行的时候一直张着，时时用来调节方向。

家燕

空中急掠过的家燕

妈！

我饿

饿！

家燕幼鸟

灰头鹀[wú]
Emberiza spodocephala

雀形目 / 鹀科　　"不是麻雀"

　　冬候鸟的大部队中，有一类不起眼的小鸟，叫作"鹀"。这类鸟的大小、羽色，甚至习性，都跟麻雀有点相似。在没有观鸟经验的人眼里，它们的名字恐怕只有一个，那就是——麻雀。其实只是乍看上去体型、颜色和麻雀有些相像，灰色的脸蛋上没有麻雀的黑斑。

　　灰头鹀对人可不亲近，保持着一定的安全距离。它们体长14厘米左右，雄性头全部、颈周和胸绿灰色，最外侧一对尾羽几乎全白，胸侧和两胁淡褐而具黑褐色条纹。平原和中高山地区灌丛和较稀疏的林地，山边杂林、草甸灌丛、山间耕地以及公园中都可以见到。常常结成小群活动，杂食性，平时以草籽、植物果实和各种谷物为主食，繁殖期主要以鳞翅目昆虫幼虫和其他昆虫为食。

灰头鹀 / 雄鸟

灰头鹀 / 雌鸟

麻雀
Passer montanus

雀形目 / 雀科 ⊚ "和人类伴生、嘈杂、成群活动"

　　遍布世界的它拥有自己的节日，3月20日是世界麻雀日。栖息在有人类生活的各种生境。适应力强，生性活泼，常集群活动，食性较杂，主要是吃种子，有时也会吃细小的昆虫。它们嘈杂、机警，喜欢成群结队一起行动。褐色的身体，黄灰色的腹部，尤其是脸颊上有着明显的黑斑。喜欢和人住在一起，追随人的足迹，深山无人居住的地方，很少能见到麻雀。它们喜欢在房屋的空调管或者其他空间里面筑巢。

集群的麻雀

这是麻雀哦

喳

山麻雀的雌鸟
有明显眉纹

山麻雀 / 雌鸟

山麻雀 / 雄鸟

山麻雀雄鸟是
棕红色的毛色

麻雀属在全球有27个种，在我国有12个种，常见的有树麻雀、麻雀、黑顶麻雀、黑胸麻雀、山麻雀。这里要提到麻雀的近亲——山麻雀。山麻雀的雄鸟带有明显的棕红色，脸上没有黑斑，雌鸟有一道很明显的眉纹。福州也有山麻雀的分布，喜欢结群，在闽侯县大湖乡的山林中常常可以见到它们的身影，脸上有黑斑的就是麻雀。

林中仙子

白鹇[xián]
Lophura nycthemera

🐦 鸡形目 / 雉科　　◎ 国家二级重点保护野生动物

　　雄性的白鹇外貌十分优雅，一身白色的羽毛和长长的尾巴看起来十分显眼。它们在林中草地低头来回觅食，悠闲自在。白鹇的雄鸟在野外很是显眼，上体白色并具黑色纹，下体黑色，头顶具黑色长羽冠，尾白而长；雌鸟的颜色就低调多了，体型较小，以橄榄褐色为主。

　　白鹇在鹇属家族属于势力比较大的一派，分化出了多达16个亚种。典型的比如白鹇福建亚种、白鹇海南亚种、白鹇峨眉山亚种、白鹇滇西亚种、白鹇指名亚种、白鹇滇南亚种等。这几个白鹇的亚种也都是我们国家特有的物种。

仙子，你的裙子好漂亮呀

白鹇／雌鸟

白鹇／雄鸟

白鹇在古人心目中向来是一种珍贵的鸟类，白鹇在我国的记载最早可以追溯到春秋时期，以《阳春》《白雪》两首琴曲著名的"乐圣"师旷，就曾在他所著的《禽经》中写过，白鹇"似山鸡而色白，行止闲暇"。晋张华《鸟经》记载："颜色纯白，行止闲雅，故名白鹇。"在宋代的五种珍禽中就有白鹇，清代五品官员的补子图案也是白鹇。弹奏古琴的指法里，也有一个动作叫作"白鹇腾踏"。

白鹇／雄鸟

站姿优雅，舍我其谁。我的背影真是美呆了

李白的诗中也有白鹇，《赠黄山胡公求白鹇》中就有描写：
请以双白璧，买君双白鹇。
白鹇白如锦，白雪耻容颜。
照影玉潭里，刷毛琪树间。
夜栖寒月静，朝步落花闲。
我愿得此鸟，玩之坐碧山。
胡公能辍赠，笼寄野人还。
这首诗的大意是我愿意用一双珍贵的白玉，买你这对白鹇，白鹇白如锦，雪白的颜色令人在容貌上自愧不如。

白鹇／雌鸟

在福州，白鹇这种珍禽很容易能见到，在城市的山体公园中，周边的山林中，都可以见到一群群的白鹇家族在悠闲地觅食。有些甚至不怕人，在公园的步道上散步，可以说是一道独特的风景。

正在山道上散步的白鹇

白鹇／雌鸟和幼鸟

我们从小就长得漂亮

红耳鹎 [bēi]

Pycnonotus jocosus

雀形目 / 鹎科 "朋克、发冠高耸"

进城的
鹎类族群

红耳鹎也是城市常见的留鸟之一，最醒目的是头上一簇黑色耸立的黑色羽毛，完全是"朋克"造型的时尚装扮。眼睛下边有两拨红色的羽簇，像点了红色的胭脂。红耳鹎喜欢热闹群居，成群结队地聚集在一起，也经常和白头鹎同时出现，一起觅食。

白头鹎

Pycnonotus sinensis

雀形目 / 鹎科 "白头翁"

白头鹎已经是城市中最常见的鸟，比麻雀还要容易看到。浑身橄榄绿色的羽毛，加上头顶的一撮白毛，很容易辨认。植物茂盛、温暖湿润的福州，城市的昆虫非常丰富，白头鹎就成了消灭小虫子的主力军。它们也喜欢吃小果子，不过在有肉的情况下，谁吃素。白头鹎也是都市生活的鸟儿写照，小区、行道树、公园等很多角落都有它们。

领雀嘴鹎
Spizixos semitorques

雀形目／鹎科　　"绿橄榄"

　　浑身橄榄绿，头黑色，顶有短羽冠，经常栖息于溪边沟谷灌丛等地。《写生珍禽图》是宋徽宗写生花鸟画的典范，笔调朴质简逸，全用水墨，对景写生，无论禽鸟、花草均形神兼备。这里面就有领雀嘴鹎。这种全身通体绿色的小鸟可是中国特有种，模式产地就在福州。领雀嘴鹎常结小群停栖于电话线或竹林，远看像众多橄榄排排坐。

领雀嘴鹎

栗背短脚鹎

Hemixos castanonotus

🐦 雀形目／鹎科　　👁 "毛栗子"

　　背部栗色，头顶具黑色冠羽，头型就像一颗圆溜溜的"毛栗子"，栖息于低山丘陵的阔叶林、林缘、灌丛和草地等环境。常成对或小群在树冠活动，也在林下灌丛觅食。背部跟板栗一样的颜色，属于鹎科短脚鹎属的。喜欢站在高高的树枝上鸣叫，经常和绿翅短脚鹎混群。

绿翅短脚鹎

Ixos mcclellandii

雀形目 / 鹎科

    绿翅短脚鹎也是浑身橄榄绿，个头比白头鹎要大一些。常小群活动于树冠和灌丛，性活泼，鸣声清脆。整体轮廓、发型、大小跟栗背短脚鹎都很像，但是颜色差异较大。鹎科鸟类，是鸣禽中的小型鸟类，嘴形变化较大，常有嘴须。

    黑鹎、栗背短脚鹎、绿翅短脚鹎都会集群活动，而且有较强的领域性，有时候会看见它们欺负那些个子小的鸟，如暗绿绣眼鸟、黄眉柳莺、叉尾太阳鸟等。

黑短脚鹎
Hypsipetes leucocephalus

雀形目 / 鹎科　"学羊叫"

　　听名字你就知道它长得黑，不过它也有不黑的地方：火红的嘴和脚。黑短脚鹎在城市公园常见，在周边的山林里更容易见到，多的时候几百只都有。黑短脚鹎的叫声"咩咩"样，有时候在山里听到类似羊叫，很有可能是它发出来的。黑鹎还有白头色型的，头、颈白色，其余通体黑色，配色极为惊艳。

"咕咕，咕……"身在城市中的你，是不是经常听到这样的声音。这是斑鸠们经常发出的声音。它们经常在人们的窗户边、阳台上就开始繁育下一代，对鸟巢也没有那么讲究。

斑鸠兄弟

哥！

咕

咕

珠颈斑鸠
Spilopelia chinensis

鸽形目 / 鸠鸽科

温顺的小鸟，叫声和模样都特别像家鸽，脖子上围着一圈黑白珠花团，就像戴着一圈项链。小区、公园的地面上经常可以看到珠颈斑鸠在捡食小虫或者果子，不怎么怕人地走来走去。它们会发出"咕咕咕"的声音，有时候还会点点头。

山斑鸠
Streptopelia orientalis

鸽形目 / 鸠鸽科

　　山斑鸠个头大一些，与珠颈斑鸠在食性、活动区域、夜间栖息环境等方面基本相似。山斑鸠颈侧有带明显黑白色条纹的块状斑，而珠颈斑鸠颈侧为黑白点斑珠花状图案。

　　山斑鸠更喜欢一群群地活动，珠颈斑鸠经常是单独行动。

捕鱼高手

唐代诗人杨巨源曾写过《衔鱼翠鸟》：有意莲叶间，瞥然下高树；攫破得金鱼，一点翠光去。这里面提到的翠鸟，是常见的普通翠鸟。其实翠鸟科在中国共有 7 属11种，主要成员有普通翠鸟、斑鱼狗、冠鱼狗、白胸翡翠等，这些家族成员的共同特点就是身形美。

普通翠鸟

斑鱼狗
Ceryle rudis

🦜 佛法僧目 / 翠鸟科

　　张扬的头冠，浑身黑白斑点，常年活跃水面上，看到鱼就抓，江湖人称"花斑钓鱼郎"。虽然名字中有"鱼狗"两个字，但斑鱼狗既不是鱼，也不是狗，它们是翠鸟科鱼狗属的鸟儿，还有个亲戚叫冠鱼狗。鱼狗这个名字的来历，据说是因为它们站在水边的树枝上或者石块上等待捕鱼时，特别像小狗直直蹲着的姿势。

　　斑鱼狗捕食时会盘旋在水面上不断地寻找，它们有时候会贴近水面飞行，有时候会与水面保持一定的距离，一旦确定猎物后，它们会在空中迅速收紧翅膀，然后俯冲扎入水中。空中悬停，高空落水，低空猎杀，斑鱼狗抓鱼的技术精湛，几乎次次不落空。

普通翠鸟
Alcedo atthis

🦜 佛法僧目 / 翠鸟科

　　一身蓝绿色艳丽的羽毛，让普通翠鸟被称为世界上十大颜色最鲜艳的鸟。普通翠鸟的羽毛颜色多样，它全身都呈现蓝绿色，而胸腹部则带有大片橙红色，体长16-17厘米。常年栖息在树林或者灌木中的溪流、小河、湖泊附近，甚至还有很多生活于水田、水库、城市公园等人工湖泊周围。

　　普通翠鸟喜欢站在岸边突起的石头上或岸边的横枝上四顾扫描，一旦发现猎物便箭一样射出去，命中率极高。受到惊扰会发出金属般鸣叫，迅速飞走。翠鸟求偶时，雄鸟努力捉鱼喂给雌鸟（鱼头指向雌鸟方向，以方便雌鸟吞咽），雌鸟评估其养家能力后，以接受小鱼表示接受其求爱。

身姿敏捷的小鸟

你～是谁

你～回去

有一些鸟儿，它们总是很害羞，喜欢藏身于浓密的灌丛，易闻其声，难见其影。它们常单独或成对活动，性格害羞且善于藏匿，总是躲在林下灌丛或草丛中活动和觅食。

强脚树莺
Horornis fortipes

🐦 雀形目／莺科　　😀 "超级大嗓门"

　　强脚树莺身体不大，嗓门极大，似乎有用不完的能量。春夏之间，在福州的公园里面，老远就能听见它们尖锐的鸣唱，听起来很像"你回去"或"你是谁"，声音清脆而洪亮。第一个音节拖延时间较长，使得它们的鸣唱在人类听来类似一个疑问句。

　　体型小巧，体长11-12.5厘米，体重仅8-11.5克，上身是橄榄褐色，身体两侧为淡棕色，下身偏白略带褐黄色。拥有强劲的肉棕色脚爪，能够有力地抓握树枝，稳稳地站立在枝头，这是它们名字里会有"强脚"的原因。

黄腹山鹪[jiāo]莺
Prinia flaviventris

雀形目 / 扇尾莺科　"学猫叫"

黄腹山鹪莺性格较胆小，喜欢藏身在高草和芦苇中。与其他小鸟单一的叫声不同，其鸣叫饱含旋律感。有的时候它会躲在草丛里，发出类似猫叫的声音。繁殖期间的雄鸟会变得格外勇敢，它们常站在高的灌木枝头或草茎顶端鸣唱，时而垂直升到空中3-4米，进行飞行表演，然后又斜着落到栖木上，很是活泼。

纯色山鹪莺 [jiāo yīng]

Prinia inornata

雀形目 / 扇尾莺科　"胆小"

　　纯色山鹪莺有浅色眉纹，上体整体为褐色，下体土黄色。纯色山鹪莺叫声单调平缓、有时急促之音，通过鸣声进行识别，一定不会出错。黄腹山鹪莺和纯色山鹪莺的体型十分接近，但头部和腹部颜色不同，腹部亮眼的鹅黄色羽毛是区分两者最直观的部位。

土黄色的

褐色的

红头穗鹛 [suì méi]
Stachyridopsis ruficeps

雀形目 / 鹛科   "红帽子"

红头穗鹛清秀且娇小可爱，头顶平添的红印，宛如沾染的胭脂妆粉。红头穗鹛生性胆怯，行踪较为隐秘，多单独或成对出没，常于植被丰富的林下、灌木丛、竹林区域活动觅食，并不常见它们的身影。但倘若它亮起了嗓门，即便在邻近的山头，你或许也能注意并辨识到它们的存在，并且时常会成"情歌对唱"模式，你来我往，交替地呼唤着。

长尾缝叶莺
Orthotomus sutorius

雀形目 / 扇尾莺科   "缝纫高手"

　　长尾缝叶莺是一种非常活泼的鸟类，精力极为旺盛，常整天不停地在枝叶间跳来跳去，或飞上飞下，或从此树飞到彼树，乐此不疲。

　　长尾缝叶莺和红头穗鹛是两种长得相似的小鸟，长尾缝叶莺喙、尾巴都更长，红头穗鹛头顶颜色更鲜艳，长尾缝叶莺腹部偏白而红头穗鹛腹部偏黄，红头穗鹛喉部有细纵纹而长尾缝叶莺无。

黄腰柳莺
Phylloscopus proregulus

我的体重大约6克重

雀形目 / 柳莺科　　"树串儿"

体长约10厘米，重量只有约6克。成鸟上体橄榄绿色，头顶色较暗，中央有一道淡黄绿色纵纹从额延伸至后颈，贯眼纹暗绿褐色，头侧余部暗绿黄色，腰黄色，形成明显的横带。主要栖息于针叶林和针阔叶混交林，食物主要为昆虫。它们的鸣声通常细弱悦耳，循着声音却很难发现，当娇小的身体在枝头跳跃时，好像一片调皮的叶子，倏尔隐没在林间，让人眼花缭乱。

黄眉柳莺
Phylloscopus inornatus

🦜 雀形目 / 扇尾莺科

　　和黄腰柳莺相似，体长约10厘米，体型纤小，嘴细尖，上喙和下喙前部黑褐色，下喙基部近黄色。头顶中央的黄绿色纵纹不明显，自眼先有一条暗褐色的纵纹，穿过眼睛，直达枕部。黄腰柳莺通常栖息于森林和林缘灌丛地带，在高高的林冠层穿梭跳跃。黄眉柳莺通常单独或成对活动，也会和其他小体型的雀鸟如黄腰柳莺等混群，觅食昆虫及幼虫等。常在树枝间不停地穿飞捕虫，有时飞离枝头扇翅，将昆虫哄赶起来，再追上去啄食，是十分活跃的小鸟。当我们抬头观察时，往往只能看见黄腰柳莺的灰白色肚皮，难以看清真容。

黄眉柳莺没有顶冠纹；黄腰柳莺有顶冠纹；黄眉柳莺眉纹白且长；黄腰柳莺眉纹眼前黄色

大眼萌

有三种小鸟，它们的毛色灰白黑为主，个头不大眼睛很大，被大家戏称为大眼萌。福州是这三种候鸟迁徙的驿站，我们会在每年的春天和秋天遇到它们。

三种鸟都喜欢停在相对比较高且周边比较空旷的树枝上，以便观察空中飞舞的小虫子，一旦发现目标，就飞扑出去，抓住虫子再飞回来。它们的羽色相近，个头差不多，三者体型普遍都很小，体长13厘米左右。

乌鹟 [wēng]
Muscicapa sibirica

雀形目／鹟科

灰纹鹟
Muscicapa griseisticta

🐦 雀形目 / 鹟科

北灰鹟
Muscicapa dauurica

🐦 雀形目 / 鹟科　👁 "大眼萌"

　　北灰鹟是一种体型略小的灰褐色鹟。常单独或成对活动，从栖处捕食昆虫，回至栖处后尾作独特的颤动，只吃小虫子。它们个头比人们熟悉的麻雀还要小，色泽不艳丽，性机警，善藏匿，比较难以发现，但是一双大眼睛特别引人注意。它们喜欢停息在树冠层中下部侧枝或枝杈上，当有昆虫飞来，则迅速飞起捕捉，然后又飞落到树枝。

麻雀居然比我个头大？天啊

棕背伯劳

Lanius schach

鸟中佐罗
这个杀手不太冷

雀形目 / 伯劳科　　"鸟中屠夫"

头顶至上背灰色；肩羽、下背至尾上覆羽红棕色，翅和尾羽黑色；前额左右有相连的黑色贯眼线。嘴较为锋利，上喙具弯钩；爪锋利；尾长且窄。

有时候形容棕背伯劳的长相会说它们像佐罗一样戴着黑眼罩。尖尖的嘴，强有力的爪子，让它们也有了"小猛禽"的称号。棕背伯劳性凶猛，常飞出捕食飞行中的昆虫。以昆虫、蜥蜴等动物性食物为食。

棕背伯劳

棕背伯劳

我们爱吃
肉肉

说起外号，可能没有鸟儿
能比得过我们伯劳。戴着"眼罩"
的我们，被人类称为"鸟中佐罗""戴假
面的杀手""屠夫鸟""雀中小猛禽"……爱吃
肉的我们外号可真多呀。

我们伯劳看起来娇小可爱，实则凶狠无比。
我们的爪子虽然没有鹰爪那样强悍有力，但我们
有像弯钩一样的尖锐的嘴巴，我们在捕食动物
时，如果猎物过大，我们就会将其挂在树
枝上肢解，再用尖锐的嘴将猎物撕碎
吞下。

红尾伯劳

红尾伯劳

Lanius cristatus

雀形目／伯劳科

雄鸟头顶和枕部为灰色，有
宽阔的黑色贯眼纹，腹部黄色。
红尾伯劳不像棕背伯劳常年都
在，它们是和候鸟大军在一起的客
人，每年秋冬在这里过冬，它们也是全国
性分布的伯劳。通常喜欢站在高处扫视地
面，一旦发现猎物，它们会以36千米/小时
的速度俯冲向猎物。而在捕猎时，它们也不
是单纯的抓住猎物或者是用喙啄击猎物，而
是用一种比较奇特的方式——摇。

红尾伯劳

会飞的 小辣椒

红黑的羽毛配色使得其远看非常美丽，当它们在空中翩翩起舞的时候就如同是跳跃着的一颗小辣椒。

灰喉山椒鸟 / 雄鸟

灰喉山椒鸟 / 雌鸟

灰喉山椒鸟

Pericrocotus solaris

雀形目 / 鹃鵙科　　鸟界"梁祝"

雄鸟喉部是灰色的，头到肩也有黑色，腰以下为朱红色。雌鸟的喉部也是灰色的，翅和尾颜色与雄鸟大致相似，但其上的红色由黄色取代。习性与赤红山椒鸟相似。

红黄色的羽毛更是在万绿丛中显得格外扎眼，它们和赤红山椒鸟很相似。灰喉山椒鸟也是不同性别不同羽色。雄鸟红色，雌鸟黄色，与赤红山椒鸟的主要区别在于喉及耳羽暗深灰色。

赤红山椒鸟
Pericrocotus speciosus

雀形目 / 鹃鵙科　　"红十字鸟"

　　雄鸟红色，雌鸟黄色，如同红黄色辣椒，因此被称为"山椒鸟"。雄鸟整个头到肩都是黑色，身体其余位置覆盖着朱红色、大红色，非常显眼。常见鸟种，栖息于海拔2000米以下的低山丘陵和山脚平原地区的次生阔叶林、热带雨林、季雨林等森林中。除繁殖期成对活动外，其他时候多成群活动，冬季有时集成数十只的大群。主要以昆虫为食，偶尔也吃少量植物种子。

赤红山椒鸟 / 雌鸟

赤红山椒鸟 / 雄鸟

抖机灵的鸟

鹡鸰这种小型鸣禽，天生好动，总喜欢在地面上蹦蹦跳跳不停走动，尾巴上下摆动，非常可爱。

黄鹡鸰 [jī líng]
Motacilla tschutschensis

雀形目／鹡鸰科　"抖尾巴"

黄鹡鸰下体鲜黄色，栖息于高原、低山及平原的林缘地带，尤喜栖于林中溪流、平原河谷和湖畔等水域附近，也伴村落而居。黄鹡鸰常成对或小群活动，迁徙季节成大群。

喜栖于河边或水中的石头上，尾部不停上下摆动，或沿水边来回行走，飞行时翅膀在鼓翼间隙频频收拢，呈波浪式前进，常边飞边发出"唧、唧"的叫声。黄鹡鸰主要以昆虫为食。

黄鹡鸰走起路来长长的尾巴总是上下摆动，仿佛T台走秀，渲染它与生俱来的苗条身材和靓丽羽毛。

唧

摆动

白鹡鸰
Motacilla alba

雀形目 / 鹡鸰科   "张飞鸟"

全长约18厘米。栖息于村落、河流、小溪、水塘等附近，在离水较近的耕地、草场等均可见到。经常成对活动或结小群活动。以昆虫为食。觅食时在空中捕食昆虫。飞行时呈现波浪式前进，休息的时候尾巴一上一下摆动。它长着黑白分明的羽色，胸前长成一个桃心状。有时候在你面前飞飞停停，始终和人们保持一定的安全距离。

鲁迅在《从百草园到三味书屋》一文中记录了冬天在百草园用竹筛诱捕鸟的故事，"但所得的是麻雀居多，也有白颊的'张飞鸟'，性子很躁，养不过夜的。"这"张飞鸟"便是白鹡鸰。

都说我们脾气像"张飞"

白鹡鸰 / 雄鸟

白鹡鸰 / 雌鸟

灰鹡鸰
Motacilla cinerea

雀形目 / 鹡鸰科 ◎飞行"波浪形"

常单独或成对活动，也与白鹡鸰混群。长约19厘米，头部和上体灰色；眉纹和颊纹白色；下体黄色；冬季喉部白色主要以昆虫为食。灰鹡鸰和黄鹡鸰从外观上区分经常会混淆，不过看它们的脚的颜色，就很容易区分了。黄鹡鸰的脚是黑色的，灰鹡鸰是肉粉色的；灰鹡鸰上背是灰色的，飞翔的时候白色翼斑和黄色的腰都能看到。

灰鹡鸰腿是肉粉色的

灰鹡鸰

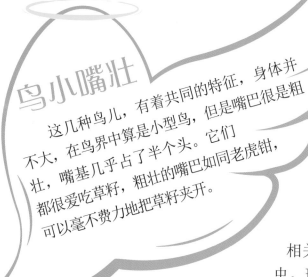

鸟小嘴壮

这几种鸟儿，有着共同的特征，身体并不大，在鸟界中算是小型鸟，但是嘴巴很是粗壮，嘴基几乎占了半个头。它们都很爱吃草籽，粗壮的嘴巴如同老虎钳，可以毫不费力地把草籽夹开。

斑文鸟
Lonchura punctulata

雀形目 / 雀科

体长11厘米，上体褐色，胸前具有深褐色鳞状斑。它们爱吃谷物等农作物，兼食草籽等野生植物种实。文鸟的喙，强大而粗壮，与其啄食谷物是密切相关的。不过繁殖期特殊，也会吃昆虫。斑文鸟和白腰文鸟都喜欢整群待在一起，无论是飞翔或是停息时，常常挤成一团。

白腰文鸟
Lonchura striata

雀形目 / 梅花雀科　"抱团"

体长13厘米，上体深褐色，腰部是白色。食物以植物种子为主，特别喜欢稻谷。筑巢的时候，斑文鸟非常勤快，不停地飞到芦苇枝上，它又短又粗的小嘴把芦苇花穗扯下一枝来，衔着飞走。在冬季气温降低的时候，白腰文鸟喜欢群居在巢中，一般10只或10余只同居一旧巢，故又有"十姐妹"之称。

斑文鸟

白腰文鸟

金翅雀
Chloris sinica

雀形目 / 燕雀科　　"一抹亮黄色"

　　在城市中除了麻雀，我们如果见到另一种形似麻雀但羽色较黄的小鸟集群活动，它们很可能就是金翅雀。金翅雀是燕雀科的鸟类，它们常集群活动，在平原及山地的森林与灌丛间出没，在城市公园或绿化较好的小区里也有机会见到它们的身影。飞行时翼间的一抹亮黄色是金翅雀最明显的特征，很容易就能辨识。金翅雀的腰上也有一点黄金色，在翅膀上下各分布有一块金黄色块斑，犹如镶嵌在翅膀上的勋章，十分耀眼，金翅雀的名字也由此而来。

金翅雀

金翅雀

黑尾蜡嘴雀
Eophona migratoria

🐦 雀形目／燕雀科　📷 "体形敦实"

　　雄鸟整个头部为辉亮的黑色，尾黑色，初级覆羽和飞羽具有明显的白色端斑。喙橙黄色，喙基、喙尖和会合线蓝黑色。有时集成数十只大群。性活泼而胆大。树栖性。以种子、果实、草子、嫩叶、嫩芽等植物性食物为食，也吃部分昆虫。它们频繁地在树冠层枝叶间跳跃或来回飞翔，或从一棵树飞至另一棵树，飞行迅速、两翅鼓动有力，在林内常一闪即逝。性活泼而大胆，不甚怕人。

黑尾蜡嘴雀／雌鸟

黑尾蜡嘴雀／雄鸟

黑头蜡嘴雀

Eophona personata

 雀形目 / 燕雀科

　　黑尾蜡嘴雀和黑头蜡嘴雀是典型的植食性鸟类，主要以种子、果实、草子、嫩叶、嫩芽等植物性食物为食，粗壮的喙非常适合咬碎较硬的果壳取食种子。嘴粗大、蜡黄色，头黑色，体长21-24厘米，体重45-122克。两种蜡嘴雀飞翔时有一种短促而刺耳的叫声，音似"tak, tak"；繁殖期开始鸣唱，歌声音节不多，是由一系列短促的4-5种笛声构成的，颇优美动听，而且非常洪亮，传闻极远。山区人称它为"优秀歌手"。

　　虽然两种蜡嘴雀都以植物种子为食，但是它们的食物随季节和地区而变化。在繁殖季的时候，也会吃昆虫。

头戴京剧脸谱的鸟

红头长尾山雀
Aegithalos concinnus

雀形目 / 长尾山雀科　　"愤怒的小鸟"

天生体型小巧可爱，面部和身上的颜色块状分布，像是画了脸谱。小鸟长得软软糯糯，活脱脱是个"糯米团子"，同时又与游戏"愤怒的小鸟"形象极为神似。它们常将巢穴建造在树上，细草、鸡毛、蜘蛛网等是它们筑巢主要材料。性格活泼，喜爱成群结队活动，一个群体成员大致有10只或者以上，它们经常在树间飞行、跳跃。群数量较丰富，主要以鞘翅目以及鳞翅目等昆虫为食，在植物保护中很有意义。

红头长尾山雀

红头长尾山雀

大山雀
Parus minor

雀形目 / 山雀科　　"爱唱歌"

眼部以下呈一近似三角形的白斑，也像是画了脸谱。主要以昆虫幼虫为食，此外也吃少量蜘蛛、蜗牛等其他小型无脊椎动物和草籽、花等植物性食物。它们喜欢在树枝间活泼地跳跃腾挪、纵情歌唱，嘴里叼着虫子，依旧还能发出悦耳的鸣叫声。

大山雀

暗绿绣眼鸟
Zosterops japonicus

雀形目 / 绣眼鸟科　　"白眼圈"

暗绿绣眼鸟颜色鲜亮，眼周有一圈白色绒状短羽，眼先和眼圈下方有一细的黑色纹，耳羽、脸颊黄绿色。这种长得小巧的鸟儿最明显的特征是长有白色的眼眶，如同京剧丑角的小花脸。它们体型还不到成人手掌大，也是福州市区最常见的留鸟，经常一大群飞到树上灵活地找食物。找到食物后会发出类似"聚餐"的集结令，会吸引其他鸟一起来觅食。

暗绿绣眼鸟

大嗓门的鸟

画眉
Garrulax canorus

🐦 雀形目 / 噪鹛科　　🛡 国家二级重点保护野生动物　　📷 "鸟类歌唱家"

　　画眉的叫声响亮婉转，之前被当作笼养鸟，现在已经是保护动物。它们全身褐色为主，眼圈白色，并向后延伸成眉纹，细长如画，故名画眉。画眉喜欢栖息于山丘和村落附近的灌丛或竹林中，机敏而胆怯，常在林下的草丛中觅食，不善于远距离飞翔。食物以昆虫为主，植物性食物主要为种子、果实、草籽、野果等。

　　它们终年较固定地生活在一个区域内，一般不会往远处迁徙。

　　画眉喜爱清洁、讲卫生，一年四季几乎每天都要洗浴。

黑脸噪鹛
Gracupica nigricollis

🐦 雀形目／噪鹛科　　😊 叫"舅舅"

　　"啾……啾啾……啾啾啾……"灌木中，总能听见似乎是叫"舅舅"的鸟声。这些小家伙们都似乎戴着一个黑色眼罩，十分显眼。这种个头挺大，体长27-32厘米的鸟儿就是黑脸噪鹛。它们不善于长距离的飞翔，在地上多鼓翼跳跃前进。喜群居，经常七八只一起出现。杂食性，主要以昆虫为食。

黑领椋鸟 [liáng niǎo]
Gracupica nigricollis

🐦 雀形目／椋鸟科　　😊 "电音高手"

　　天生有一副"黑领结"。它的上胸体羽呈黑色，并向两侧延伸至后颈，形成宽阔的黑色领环，极为醒目。黑领椋鸟的叫声相当聒噪，它们会发出如同电音般嘈杂的声音。它们白天活动，不时在空中飞翔，休息时和夜间多停栖于高大乔木上。主要以昆虫为食，也吃蚯蚓、蜘蛛等其他无脊椎动物和植物果实与种子等。喜欢集群，喜欢跟随耕牛或者人类于农田，翻食耕牛翻开的土地中的无脊椎动物和昆虫，也喜欢跟随其他有蹄类动物啄食虱子等寄生虫。黑领椋鸟还非常凶猛好斗，喜欢与其他鸟类争夺食物。

褐翅鸦鹃
Centropus sinensis

鹃形目／杜鹃科　　国家二级重点保护野生动物　　"大毛鸡"

　　体型大，身长52厘米左右。头颈和胸带蓝紫色金属光泽，下胸至腹部泛金属绿光泽，两翼和肩部为棕栗色。平时多在地面活动，休息时也栖息于小树枝丫，或在芦苇顶上晒太阳。尤其在雨后，它会站在高一些的地方晒翅膀。它们喜欢把自己藏起来，感觉遇到危险或者干扰的时候，多会躲在草丛或灌丛中，行动十分迅速。

　　最容易见到它们的时候是每年春天的求偶季节，褐翅鸦鹃会站在高处发出低沉的共鸣音，鸣声好像远处的狗吠声，很远之外都能听见，尤以早晨和傍晚鸣叫频繁。食物以昆虫为主，也捕食蜈蚣、蟹、蚯蚓等其他无脊椎动物以及蛇、蜥蜴、鼠类等小型脊椎动物。

褐翅鸦鹃

丝光椋鸟
Spodiopsar sericeus

雀形目／椋鸟科 　"披头士"

　　经常抬头可以在屋顶的边缘或者树上看到一大群丝光椋鸟，楼房的夹缝、间隙都可能是它们的家。羽长而尖细。头顶和后颈均白色而沾棕灰色；背、肩、腰和上覆羽银灰色，并有蓝绿色和紫色的金属光泽。鸟如其名，羽毛丝缎一般漂亮顺滑，棕白色的羽毛披散下来，就像鸟中的摇滚乐手。迁徙时成大群。喜结群于地面觅食，取食植物果实、种子和昆虫。

红嘴蓝鹊
Urocissa erythroryncha

雀形目 / 鸦科　　"脾气暴躁"

唐朝诗人李商隐名句"蓬山此去无多路，青鸟殷勤为探看"，其中的"青鸟"说的就是红嘴蓝鹊。红嘴蓝鹊常被认为是寓意吉祥的鸟，但实际上它是一种脾气暴躁、报复心很强的鸟，也算一方小霸王。它们性情较为凶猛，如果感受到威胁甚至会攻击人类。

体长约60厘米，头至胸为黑色，头顶至后颈为白色，上体余部体羽为紫蓝色，飞羽具白色次端斑，紫色尾羽内外侧具黑白色端斑。性情嘈杂，叫声大，经常3-5只或10余只的小群活动。常在地面取食，具有主动围攻猛禽的习性。杂食性，主食为各类昆虫，也食蜘蛛、蛙、蜥蜴、蛇和植物果实与种子。

红嘴蓝鹊

灰胸竹鸡
Bambusicola thoracicus

鸡形目 / 雉科　　　"地主婆"

　　几乎没有人喊它们的大名，都喊它们"地主婆"。原因是灰胸竹鸡鸣叫的时候不光声音大，叫声和"地主婆"发音很相似。白天它们呼朋唤友，经常一起觅食；晚上它们形影不离，一个个睡在横树枝上，排成一串互相紧靠取暖。在山区、平原、灌丛、竹林以及草丛常见。杂食性，中国南方特有种。

被误解的戴胜～

　　爱吃虫子的戴胜被当成啄木鸟不是第一次了，当人们看到它长长的嘴和羽冠，都马上联想到啄木鸟，其实它和犀鸟是亲戚。

戴胜
Upupa epops

🐦 犀鸟目／戴胜科　　◎ "臭咕咕"

　　有着长长的嘴，经常被人误认为是啄木鸟，其实它与啄木鸟的关系甚远，反而与犀鸟关系更近。戴胜浑身羽毛色彩鲜明，头具狭形羽所成的羽冠，它们头顶有羽冠，常会竖立起来，此时它羽冠的形态与古代女性的一种叫"胜"的头饰有些相似，戴胜之名由此而来。它们喜欢吃动物粪便内的蠕虫，加上繁殖期巢内吃喝拉撒以及排出的恶臭液体，让戴胜有了"臭咕咕"之名。

候鸟先锋队

有一种小鸟，每年它们到达和离开南方的时间要被认真记录，这就是有着候鸟先锋队之称的北红尾鸲。它们的到来，意味着大量的候鸟将开始大量到达南方，迁徙之路开始了。

北红尾鸲 [qú]

Phoenicurus auroreus

雀形目 / 鸲科   "候鸟先锋队"

北红尾鸲冬天会飞到南方越冬。别看它小，算是最早迁徙的小型鸟类之一，是候鸟的先锋队。每年它们到达南方之后，意味着大量候鸟的到来。它们喜欢站在枝头，有较强的领地意识，上下摆动橙色尾羽，还做出点头的动作，像树林中的小精灵般活泼可爱。

雄鸟头顶至背石板灰色，下背和两翅黑色，具明显的白色翅斑；雌鸟上体橄榄褐色，眼圈微白，下体暗黄褐色，胸沾棕色，腹中部近白色。它们主要栖息于山地、森林、河谷、林缘和居民点附近的灌丛与低矮树丛中。冬候期一般为160天左右，在华东地区、华南地区都不难见到它们。北红尾鸲特别喜欢吃昆虫，有一个短健的尖嘴，它喜欢吃的昆虫品种数达50多种。

北红尾鸲 / 雌鸟

北红尾鸲 / 雄鸟

城市清道夫

有很多小鸟生活在城市中，它们活跃在城市的河道、废水沟中觅食，也会在小区的垃圾桶附近寻觅。它们在城市中找寻着自己的落脚之处。

八哥
Acridotheres cristatellus

雀形目／椋鸟科　"超级模仿者"

八哥是小区和街道上的常客，通体黑色，前额有一簇向上翘起的羽毛，很容易辨认。八哥飞起来的时候，可以看到翅膀下两块白斑，像个"八"字形。和乌鸫一样，它们模仿能力很强，可以模仿其他鸟儿鸣叫和人类说话的声音。它们是一种更聪明的鸟吗？其实，这只是一种条件反射，和智商无关。

我长得黑，但我不是乌鸦，别叫错哦

乌鸫｜幼鸟

乌鸫[dōng]
Turdus merula

雀形目／鸫科　"百舌鸟"

　　全身漆黑，眼圈和嘴巴黄黄，经常被人误认为是"乌鸦"。别看乌鸫长得不起眼，人家一身绝活，又名百舌鸟，叫声悦耳动听，还会模仿其他鸟儿的声音，小区里电动车的报警声也在它学习范围内。它喜欢独来独往，如果有其他鸟儿入侵它的领地，可能会先打一架。它喜欢吃香樟树上的小果子，也喜欢在草丛里寻找隐藏的小蚯蚓。

鹊鸲 [què qú]

Copsychus saularis

雀形目 / 鹟科　　"四喜"鸟

　　"一喜长尾如扇张，二喜风流歌声扬，三喜姿色多娇俏，四喜临门福禄昌。"这是民间流传形容鹊鸲的歌谣，它也俗称"四喜"鸟。黑色的脑袋，白色的肚子，黑白相间的翅膀，圆滚滚的身体黑白相间看上去像一个小圆球，长长的尾巴一翘一翘的，常站在屋顶或大树上昂首翘尾鸣叫，叫声婉转多变，清脆响亮。

　　这种看似弱不禁风的小鸟，胆子可不小。它们亲近人类，利用人类环境繁衍后代。除了树枝跟树洞之外，墙缝、房檐、烟囱等地，都成为了它们养育后代的理想场所。

鹊鸲 / 雌鸟

鹊鸲 / 雄鸟

白胸苦恶鸟
Amaurornis phoenicurus

鹤形目 / 秧鸡科　"雎鸠、大脚丫"

　　它们有着深色的背部，腹以下红棕色，嘴黄绿色；脚黄色。脸、胸部是白色的，故有"白胸"之名，而"苦恶"二字则是由于它的叫声类似于"kue kue"而得名。在湿润的灌丛、湖边、滩涂及水稻田走动觅食，食性很杂，吃软体动物、昆虫、蜘蛛及小型鱼类等，也吃植物种子和嫩芽。

　　有人说它是《诗经》中的雎鸠，传说它是被恶婆家虐待而死的苦媳妇所化，这些都和它们的叫声有关。如果你不小心惊扰了生活在湿地中的白胸苦恶鸟，就会看到它们快速地奔跑，而不是飞翔。一双瘦长的大脚显得怪异，但却能稳稳地踩在莲叶上取食。

黑水鸡
Gallinula chloropus

鹤形目 / 秧鸡科　　"全能选手、似鸡非鸡"

全身灰黑色，泛蓝光，嘴的上部是鲜红色，脚为黄绿色，游泳的时候尾巴竖起来有两块白色斑块。只要是有水的地方，哪怕是臭水坑，也能看到黑水鸡，它们常边游泳或涉水边取食；既吃水生植物嫩叶、幼芽和根茎，也捕食水生昆虫、蠕虫、软体动物等。

黑水鸡可谓是鸟界的全能型运动选手，综合运动能力相当全面，飞、走、跑、游、潜、上树，样样都会。

斑嘴鸭
Anas zonorhyncha

雁形目／鸭科　　"家鸭祖先"

　　斑嘴鸭的上嘴为黑色，先端有一抹黄色，所谓"斑嘴"就体现在这里。斑嘴鸭的脸至上颈侧、眼先、眉纹、额和喉均呈淡黄白色，仿佛"化了妆"一样，与深褐色的身体呈明显反差。

　　斑嘴鸭主要栖息在各类大小湖泊、水库、江河、水塘、河口、沙洲和沼泽地带。除繁殖期外，斑嘴鸭常常成群活动，也会与其他鸭类混群活动。斑嘴鸭善于游泳，也善于行走，唯独不善潜水。它们的主食为植物性食物，包括水生植物的叶、嫩芽、茎、根和松藻、浮藻等水生藻类，以及草籽、谷物种子，昆虫、软体动物偶尔也出现在斑嘴鸭的食谱里。

　　斑嘴鸭和绿头鸭等，都被认为是家鸭的祖先。

小䴙䴘 [pì tī]
Tachybaptus ruficollis

🕊 䴙䴘目／䴙䴘科　　⊙ 涡轮增"鸭"

　　中国最常见的水鸟之一，在我国东部大部分开阔水面都能见到小䴙䴘。它们栖息于静止或流速缓慢的水域中。杂食性，潜水捕捉小型鱼类和一些无脊椎动物为食。

　　它们的一对小短腿会飞快地打击水面，拍击速度可以达到每秒8次，特别的脚蹼能够让它们直接踩在水面上，一对短小的翅膀自然地张开贴在体侧，起到飞机机翼的效果，让空气从翅膀下流过产生升力，然后完成轻功似的"水上漂"。

　　它们会把水生植物堆在一起，建一个浮在水面上的巢并在里面产卵。幼鸟出巢之后，就会藏在妈妈的背上开始学习本领。

繁殖羽

城市渔夫

夜鹭
Nycticorax nycticorax

鹈形目／鹭科　　"老等"

　　夜鹭可以一动不动几个小时等候，耐心十足，往往可以捕到大鱼。平时它是一身蓝白相配的羽毛，每年春天会换上绚丽的繁殖羽。鸟的脸蛋、嘴巴、脚掌会生出比原来更鲜艳的颜色，让自己更吸引异性。繁殖期一过，又会换回来。

　　它的体较粗胖，颈较短；嘴尖细，微向下曲，黑色；头顶至背黑绿色而具金属光泽；上体余部灰色；下体白色；枕部披有2-3枚长带状白色饰羽，下垂至背上，极为醒目。

夜鹭

夜鹭的幼鸟已经是捕鱼小能手了

池鹭
Ardeola bacchus

鹈形目 / 鹭科

每一只都是捕鱼高手，它们常常站在水边盯着水里的鱼儿，还会用嘴巴叼着食物在水中摇荡吸引鱼儿过来，一旦发现捕猎绝不放过，收起翅膀直接向目标俯冲。快要接近猎物的时候，再把翅膀打开调整速度，准确地将猎物擒来。

繁殖期头及颈深栗色，胸酱紫色；非繁殖期背部褐色，头、颈、上胸部具褐色纵纹，下腹部及翼为白色；嘴基黄而尖端黑色，跗趾黄色。非繁殖期飞行时因白色的腹部和飞羽，易与白鹭混淆，背部有深色阴影是其分辨特征。

池鹭 / 繁殖羽

白鹭
Egretta garzetta

鹈形目 / 鹭科　　"小白"

　　具有一身洁白的羽毛，优雅地站在水中觅食，它就是福州市区最常见的一种水鸟。繁殖期的时候会在头顶长出两条小辫子，也会长满白色的丝状羽毛，像穿上了一身洁白的婚纱，妖娆妩媚。单独、成对或集成小群活动的情况都能见到，偶尔也有数十只在一起的大群。觅食小鱼、虾、蛙类及昆虫。经常可以看到白鹭在觅食时，脚会先探入水中搅动，捕食惊吓出水面的鱼，一旦发现猎物稳准狠"一嘴中鱼"。

小贴士：白鹭、中白鹭和大白鹭的区别

辨识三种白鹭是观察鸟类入门的必备技能。

在繁殖期，凭脑后小辫或脚趾的颜色可以准确确认白鹭，凭嘴裂或胸部饰羽可以区分大白鹭、中白鹭。在非繁殖期，白鹭的标志性特征是趾黄、嘴黑，大白鹭和中白鹭趾为黑色，嘴为黄色。大白鹭和小白鹭嘴偏细长，中白鹭嘴比较厚，喙形看似非定量标准，但在绝大多数时候是最实用的。

大白鹭

中白鷺

白鷺

城市
独行客

白腰草鹬 [yù]

Tringa ochropus

鸻形目 / 丘鹬科 "点头摆尾"

　　矮矮壮壮的水鸟，身体是深绿褐色，腹部及臀为白色。飞行的时候黑色的下翼、白色的腰部以及尾部的横斑极显著。

　　经常单独活动，每走一步都要颠一下尾部，觅食时边走边上下摆尾，喜欢在小泥滩处取食。

　　在城市的河道、水边、池塘都能见到它们的身影，食性很杂，主食虾、田螺、蜘蛛和昆虫等小型无脊椎动物，也吃小鱼和稻谷。

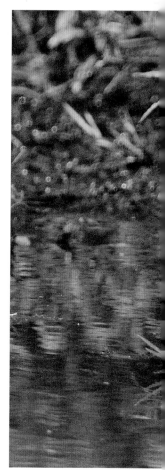

白腰草鹬

矶鹬

矶鹬
Actitis hypoleucos

鸻形目 / 丘鹬科

　　江河、湖泊、水库等沿岸都能见到它们，单独活动居多。常在多砾石的河滩上行走，并栖息于河中石头上，故名"矶鹬"（"矶"即水岸突出的石头或砾石滩）。常边飞边"叽、叽、叽"地鸣叫。喜食鞘翅目、直翅目等昆虫，也吃螺、蠕虫、小鱼和蝌蚪等。

　　成鸟头颈和上体橄榄褐色，具黑色细羽干纹和端斑，眉纹淡黄白色，眼圈白色，贯眼纹褐色，飞羽黑褐色。它们胸侧与翅之间白色明显，像一个瘦写的"几"字，联想到矶鹬的名字方便记忆。

　　矶鹬在鹬类中嘴较短，行走时头不停地点动取食，生性活跃，在光滩上留下一排"之"字形的爪印。

爱吃花蜜的鸟

叉尾太阳鸟/雌鸟

叉尾太阳鸟
Aethopyga christinae

雀形目／太阳鸟科　　"吃花蜜"

　　青蓝色的顶冠，绛红色的喉部，身披橄榄色的羽衣，搭配黄色的腰带和闪耀着金属光泽的绿尾，再加上两根极具特色的叉状尾羽，曾被认为是中国最小的鸟。羽毛这么绚丽，这么耀眼的是叉尾太阳鸟的雄鸟，雌鸟的羽色就显得单调许多，上体羽色橄榄色，下体浅绿黄色，且体型也比雄鸟稍小一些。

　　叉尾太阳鸟的体型小巧玲珑，若不细看，很难在花间发现其身影。仔细观察它们的嘴，是细长下弯，舌头呈管状，专门用来吸食花。叉尾太阳鸟常常在开花的矮树木丛中，还能悬飞在枝头食蜜，这种悬停的形态常被误认为是蜂鸟。

叉尾太阳鸟/雄鸟

橙腹叶鹎
Chloropsis lazulina

雀形目／叶鹎科　"七彩绿"

　　橙腹叶鹎因腹部为橙色而得名，它们身披绿外衣，裹着黄肚兜。雄鸟颜色十分艳丽，上衣绿色，下体浓橘黄色，翅膀和尾巴蓝色，脸和胸兜黑色，髭纹蓝色。雌鸟身体大多绿色，髭纹蓝色，肚子中央系着一道细细的赭石色腰带。虹膜是褐色；喙为黑色；脚为灰色。

　　橙腹叶鹎的鸣声清亮，善于模仿其他鸟类的叫声，也是天生的口技高手。

　　橙腹叶鹎喜欢采食花蜜和水果，特别喜欢甜甜的味道。它们可不仅"钟情"于花蜜，还吃些榕果、植物种子、蝗虫、蝼蛄、象甲、毛虫等虫子。

橙腹叶鹎／雌鸟

橙腹叶鹎／雄鸟

城中珍兽

鼬獾 [yòu huān]
Melogale moschata

哺乳纲 / 食肉目 / 鼬科

鼬獾是一种"三不像"动物，脸部似京剧人物的脸谱，故有"花脸猫"之称。吻端突出似猪鼻，又有"小豚猫"之称。它的肛门有腺体，受到威胁时就会释放臭气，故又有"臭狸"之称。鼬獾生性胆小，白天躲藏于树洞、土洞或岩洞内休息，日落黄昏后才外出觅食，主要以嗅觉找寻食物，进食时用爪掘地取食，好似野猪翻松泥土。城市山地公园偶见。

花面狸
Paguma larvata

哺乳纲 / 食肉目 / 灵猫科

花面狸平时多在树上活动，夜行性，贪食野果，又称果子狸。它是个欺软怕硬的主，会追捕比自己体型小的家鸡和水禽，遇到大中型觅食动物又会爬上树或逃到洞穴里面藏起来。遇到天敌时，它还会用肛腺分泌物来防御，放出臭味来吓跑敌人。

食蟹獴 [méng]
Herpestes urva

哺乳纲 / 食肉目 / 獴科

　　虽然名叫食蟹獴，但它没把螃蟹当主食，也食蛙、鱼和昆虫。个头不大却凶狠好斗，敢叫板眼镜蛇，行动灵活而迅速，有"长毛闪电"之称。它是毒蛇克星，能一口咬瘫眼镜蛇，毒蝎子是它的提神剂，它天生对"毒"有免疫。

豹猫
Prionailurus bengalensis

🐾 哺乳纲／食肉目／猫科　　🐾 国家二级重点保护野生动物

豹猫因为其身上的斑点很像中国的铜钱，也被称作"钱猫"，其体态和家猫相仿，但更加纤细，腿更长。豹猫喜欢隐居在山地林区、郊野灌丛和林缘村寨附近。黑夜中它是捕食的强者，能够在非常恶劣的环境下凭借着自己的本领捕捉猎物。

小麂 [jǐ]
Muntiacus reevesi

哺乳纲 / 偶蹄目 / 鹿科

　　小麂形似小鹿。雄麂有一对威风凛凛的枝状小角，嘴角还有尖细的獠牙，其腿细而有力，善于跳跃。它一般栖息在稠密灌丛中，性格胆小谨慎，听觉格外敏锐，一点风吹草动都会引起警觉，一旦感觉到危险便迅速逃往密集的灌木丛中。

小麂 / 雌

小麂 / 雌

嗅～嗅～
小蚁蚁快过来

你不要过来啊！

中华穿山甲

中华穿山甲

Manis pentadactyla

哺乳纲／鳞甲目／鲮鲤科　　国家一级重点保护野生动物

　　中华穿山甲栖息于丘陵、山麓、平原的树林潮湿地带，福州永泰山区可见。穿山甲喜炎热，能爬树，穴居生活，善于挖掘，能在地面下挖掘深达1-5米。以蚂蚁和白蚁为主食，故又称"食蚁兽"，它能控制白蚁对森林的危害，维护生态平衡。受到天敌威胁时，身披坚硬鳞片的它会蜷起身体形成一个球进行防御。

鼠来鼠往

赤腹松鼠
Callosciurus erythraeus

🐾 哺乳纲／啮齿目／松鼠科

　　赤腹松鼠喜群居，主要在黎明或黄昏活动。它多半在树上觅食，能够很灵敏地在林间跳跃。秋天各种坚果成熟时，松鼠会把吃不完的坚果埋在浅土层中储存以备冬天食用。可是松鼠比较健忘，待翌年春天，被松鼠遗忘的坚果会慢慢发芽，最终长成一棵树，年复一年，慢慢地，松鼠居然种出了一片森林。

白腹巨鼠
Leopoldamys edwardsi

哺乳纲 / 啮齿目 / 鼠科

　　白腹巨鼠是有洁癖的鼠，其巢穴附近不会留有垃圾，每只鼠都很自觉，把巢边上的粪便、食物碎屑收拾得干干净净。为了避免窝内叶子受潮发霉，它会去寻找带有芳香味的樟树叶子来筑巢，既温馨又防腐。

褐家鼠
Rattus norvegicus

哺乳纲 / 啮齿目 / 鼠科

　　褐家鼠有"水老鼠"之称，可能是历史上最成功的"偷渡者"。它可以借助树干、圆木、植被堆和碎片残骸等漂浮物漂流远走他乡。在过去的180多年里，褐家鼠搭乘人类的客船和货轮来到了除南极洲外的世界各地。它常出没于厨房，偷吃人类的各种食物。

居家常客

在家里有时候能看见中国壁虎出没

原尾蜥虎

中国壁虎

原尾蜥虎
Hemidactylus bowringii

爬行纲 / 有鳞目 / 壁虎科

中国壁虎
Gekko chinensis

爬行纲 / 有鳞目 / 壁虎科

当壁虎面临掠食者的捕捉时会剧烈扭动身体，断尾求生，等过一阵子，它又会长出新的尾巴。这是真的吗？原来，壁虎尾巴和脊椎的连结处有一个特殊的软骨横隔。出现紧急情况时，壁虎尾部的肌肉强烈收缩导致断开，而软骨处还能够继续生长，所以过一段时间，壁虎就会重新长出尾巴。壁虎栖息于墙缝、屋檐、树洞、石隙等处，常见于人类活动区。夜间它会在灯光附近爬行，捕食由灯光吸引来的各种小昆虫。

蓝尾石龙子
Eumeces elegans

爬行纲 / 有鳞目 / 石龙子科

蓝尾石龙子幼体的尾巴通常呈蓝色。这种颜色并不仅仅是用来美观，更重要的是它有助于分散掠食者的注意力，从而保护石龙子的头部和身体免受攻击。此外，这些鲜艳的颜色也会使人们错误地认为它可能具有毒性，从而起到威慑的作用。需要注意的是，当它长大后"蓝尾"特征会消失。

蓝尾石龙子幼体颜色鲜艳

蓝尾石龙子 / 成体

北草蜥
Takydromus septentrionalis

爬行纲 / 有鳞目 / 蜥蜴科

北草蜥在10月中下旬，当气温下降到13℃左右时，陆续进入冬眠。冬眠洞穴多匿藏在草根下、树根下及田埂边的土洞内，或路边乱石堆下及柴草堆下。翌年4月气温升至13℃以上时，陆续出眠。北草蜥断尾后会重生，只是颜色会有较大差别，相对于原生尾，重生的尾部更暗淡。

两只正在交配的北草蜥

成体尾巴蓝色特征消失

长尾南蜥
Eutropis longicaudata

🔖 爬行纲 / 有鳞目 / 石龙子科

铜蜓蜥
Sphenomorphus indicus

🔖 爬行纲 / 有鳞目 / 石龙子科

分布广泛的铜蜓蜥和长尾南蜥是捕食者，也被猛禽和蛇类捕食，因此在维系生态系统平衡中扮演着重要的角色。它们是极具研究参考价值的环境指示物种，如果其生境发生细微的变化，都会对它们产生巨大的影响，甚至导致区域性绝迹。因此，如果某个区域有铜蜓蜥常驻，表明此处的生态系统处于健康、稳定的状态。

我们可是重要环境指示物种

长尾南蜥

铜蜥蜴

铜蜥蜴

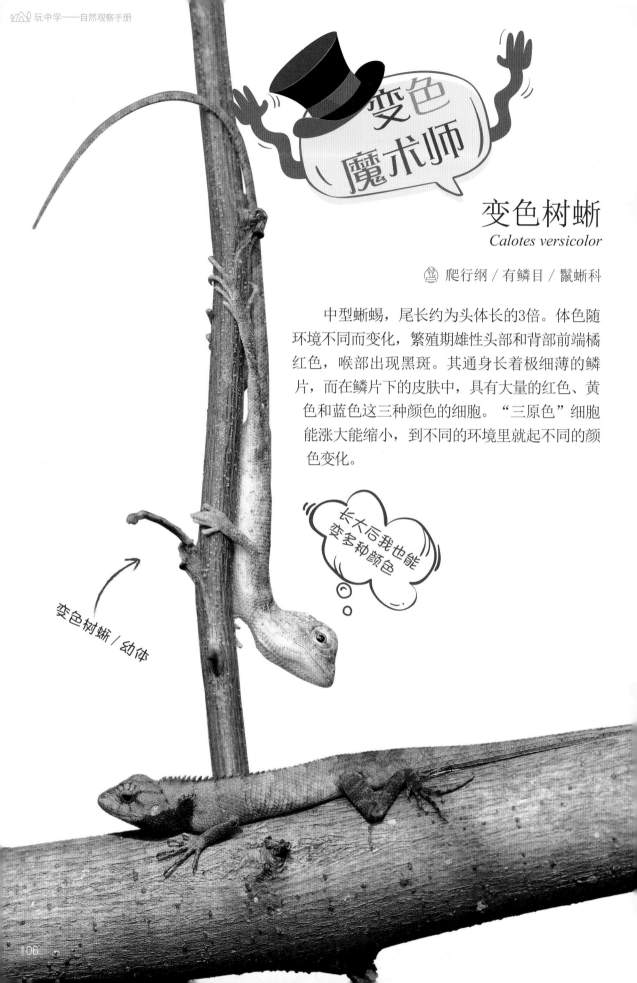

变色魔术师

变色树蜥
Calotes versicolor

爬行纲／有鳞目／鬣蜥科

　　中型蜥蜴，尾长约为头体长的3倍。体色随环境不同而变化，繁殖期雄性头部和背部前端橘红色，喉部出现黑斑。其通身长着极细薄的鳞片，而在鳞片下的皮肤中，具有大量的红色、黄色和蓝色这三种颜色的细胞。"三原色"细胞能涨大能缩小，到不同的环境里就起不同的颜色变化。

长大后我也能变多种颜色

变色树蜥／幼体

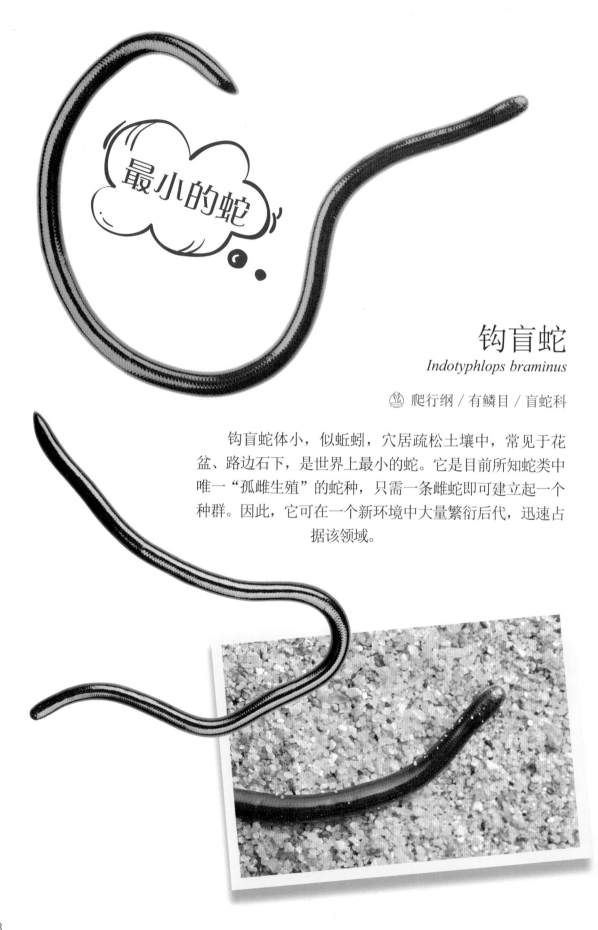

最小的蛇

钩盲蛇
Indotyphlops braminus

爬行纲 / 有鳞目 / 盲蛇科

钩盲蛇体小，似蚯蚓，穴居疏松土壤中，常见于花盆、路边石下，是世界上最小的蛇。它是目前所知蛇类中唯一"孤雌生殖"的蛇种，只需一条雌蛇即可建立起一个种群。因此，它可在一个新环境中大量繁衍后代，迅速占据该领域。

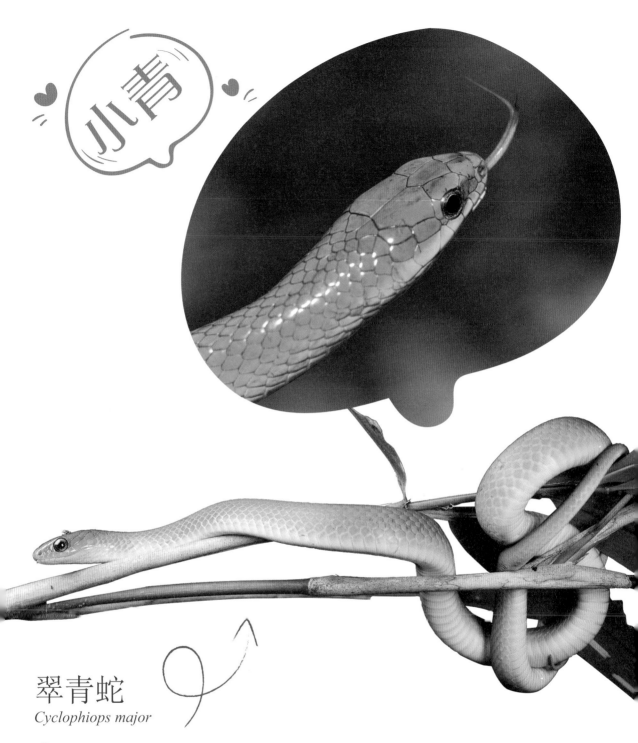

翠青蛇
Cyclophiops major

爬行纲 / 有鳞目 / 游蛇科

　　翠青蛇是一种脾气温顺的无毒蛇，性格"内向"，见了人特别怕"羞"。它害怕一切不明物体，平时既不攻击人，也不咬人。盛夏季节，由于地面高温，翠青蛇经常攀登上树，静伏纳凉，直到夜间才下地捕食。人们常把翠青蛇和竹叶青混为一谈，其实两种蛇从外形上看有明显的不同：竹叶青的头大颈细区分明显，尾部呈淡红色；而翠青蛇头颈区分不明显。

白唇竹节青蛇
Trimeresurus albolabris

🐾 爬行纲 / 有鳞目 / 蝰科

　　白唇竹叶青蛇是福建低海拔地区常见的毒蛇，昼伏夜出。它头部两侧各有一个凹陷似漏斗的颊窝，具有感测温度的作用，所以它对恒温动物特别敏感，追捕老鼠等小型脊椎动物的能力特别强。虽然竹叶青蛇偶有伤人事件，但它对维持生态系统平衡，灭除鼠害具有重要价值。

绿瘦蛇

绿瘦蛇
Ahaetulla prasina

🐾 爬行纲 / 有鳞目 / 游蛇科

　　绿瘦蛇是树栖型后沟牙毒蛇，毒性微弱，一般不会对人体造成伤害。其头部眼大，瞳孔呈一条横线，有点像"眯眯眼"，但视力发达，具立体视觉，这对其躲避天敌和捕食猎物有很大帮助。受到威胁时，绿瘦蛇会让自己的身体鼓起来，这样看起来会比实际更大，而且其身体前段侧扁，露出鳞间白色并杂有黑色斑纹的皮肤，并摆出"S"形攻击架势。

咕

呱

黑眶蟾蜍
Duttaphrynus melanostictus

两栖纲 / 无尾目 / 蟾蜍科

远看是只蛙，近看癞蛤蟆！凑近看黑眶蟾蜍成体，原来它远没有蛙类的皮肤那么光滑，棕黄色的皮肤布满大小不等的疣粒。所有的疣上又都有黑棕色的角刺。如果我们试着去挤一挤疣粒，会有带毒的乳白色液体流出。当它受到生命威胁时，耳后腺和身上的疣粒会分泌出白色毒液进行防卫。它和中华蟾蜍的区别在于有黑色眼眶。

黑眶蟾蜍

黑眶蟾蜍

中华蟾蜍
Bufo gargarizans

两栖纲／无尾目／蟾蜍科

中华蟾蜍成体肥大，它的皮肤与黑眶蟾蜍一样有毒，但它是捕食田野害虫的能手，一般夜间捕食蝗虫、蚱蜢、金龟子等昆虫，捕食量极大。春天池塘边常见的一群群黑色蝌蚪就是其幼体，它们常向一个方向游动，可吞食水中浮游生物及水内腐烂的动、植物碎片。

中华蟾蜍的幼体

泽陆蛙

泽陆蛙
Fejervarya multistriata

🔺 两栖纲 / 无尾目 / 叉舌蛙科

蛙声一片

泽陆蛙体背颜色变化较大，根据季节及栖息地的变化，呈现出青灰色、橄榄色或深灰色等。它背面斑纹的颜色也会变化，有赭红色、深绿色或深褐色等。多变的体色能增加天敌发现自己的难度。

泽陆蛙

泽陆蛙

饰纹姬蛙

饰纹姬蛙
Microhyla fissipes

两栖纲 / 无尾目 / 姬蛙科

　　饰纹姬蛙个头不大，但鸣声响亮。狭小的口部非常适合吃蚂蚁，姬蛙常找个蚂蚁窝的洞口安静端正地爬好，等蚂蚁出来一只就张口吃一只，直到吃饱为止。

沼水蛙

饰纹姬蛙

沼水蛙
Rana guentheri

两栖纲 / 无尾目 / 蛙科

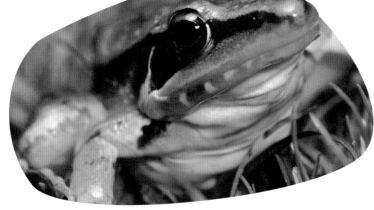

沼水蛙

　　沼水蛙的叫声很奇特，它不像一般的蛙呱呱地叫，而是发出和小狗的"汪、汪、汪"的叫声，雄蛙鸣叫声如狗，低沉而大声，日夜都会叫。也就是因为这个原因，它又叫"水狗"。

小腺蛙
Glandirana minima

两栖纲／无尾目／蛙科 ◉ 国家二级重点保护野生动物

小腺蛙为福建特有蛙类，其分布区狭窄，一般栖息于低海拔山区或丘陵地区，成蛙常隐匿在浓密的草丛或石缝中鸣叫，叫声较奇特。

咕呱

斑腿泛树蛙
Polypedates megacephalus

两栖纲 / 无尾目 / 树蛙科

斑腿泛树蛙成体为中型树蛙，主要栖息于有稀疏树木生长的平原、低山丘陵和农田地带。其手指和脚趾都长着大大的吸盘，这些吸盘使它能够在树枝间自由攀爬而不用担心掉下树去。每年春天，它会纷纷来到山间的池塘和水田来寻找自己的伴侣。雄蛙蹲在水边的石头上、树枝上大声歌唱，发出"咔哒、咔哒"的声音来吸引母蛙。

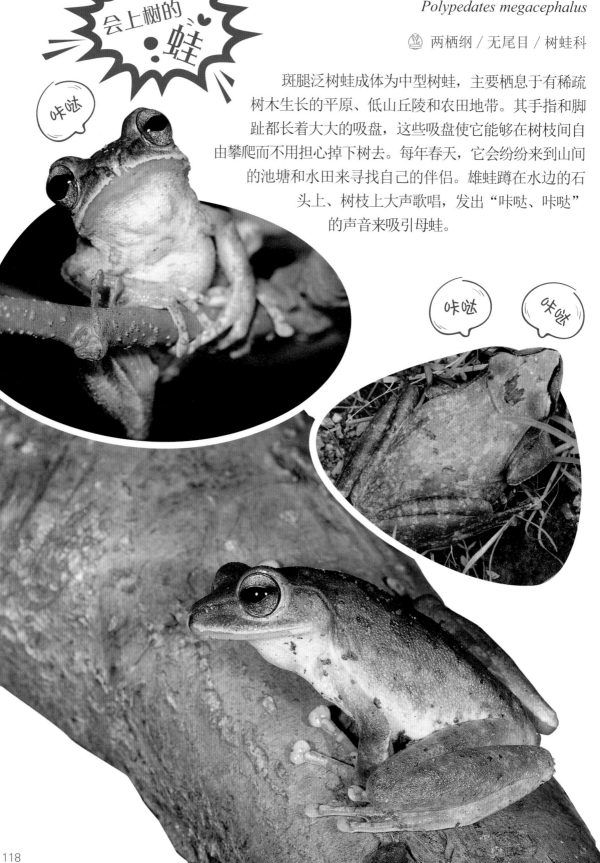

大树蛙

Zhangixalus dennysi

两栖纲 / 无尾目 / 树蛙科

　　大树蛙成体是中国体型最大的树蛙，其体背面绿色具有不规则的棕黄色斑点。栖息于田园和居民点附近的小块丛林、灌丛或路边。它以昆虫为食，也吃蜘蛛、蜈蚣等小动物。与其他蛙类不同的是，大树蛙在水外产卵，卵也在水外发育，不过产卵地点下方必须有一个水塘。待蝌蚪孵出后，会掉落水中继续生长发育，变态后的幼蛙会迁移到陆地生活。

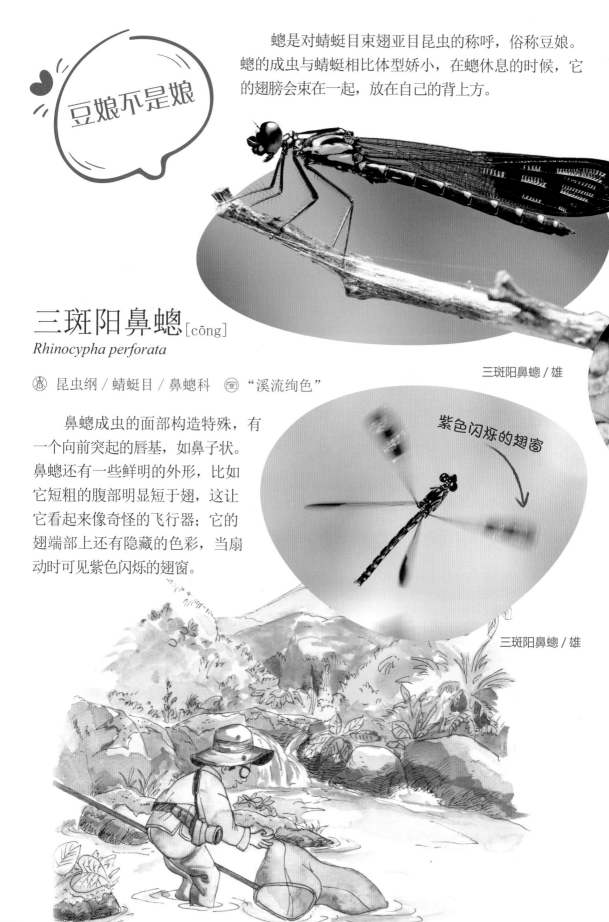

豆娘不是娘

蟌是对蜻蜓目束翅亚目昆虫的称呼，俗称豆娘。蟌的成虫与蜻蜓相比体型娇小，在蟌休息的时候，它的翅膀会束在一起，放在自己的背上方。

三斑阳鼻蟌[cōng]
Rhinocypha perforata

三斑阳鼻蟌 / 雄

昆虫纲 / 蜻蜓目 / 鼻蟌科　"溪流绚色"

鼻蟌成虫的面部构造特殊，有一个向前突起的唇基，如鼻子状。鼻蟌还有一些鲜明的外形，比如它短粗的腹部明显短于翅，这让它看起来像奇怪的飞行器；它的翅端部上还有隐藏的色彩，当扇动时可见紫色闪烁的翅窗。

紫色闪烁的翅窗

三斑阳鼻蟌 / 雄

透顶单脉色蟌
Matrona basilaris

昆虫纲 / 蜻蜓目 / 色蟌科　"溪流绚色"

色蟌顾名思义，是一类色彩斑斓的蟌，其雄虫的膜翅在阳光照射下会散发出迷人的金属光泽。

透顶单脉色蟌 / 雄

透顶单脉色蟌 / 雄

透顶单脉色蟌 / 雌雄连结

黄纹长腹扇螅
Coeliccia cyanomelas

黄狭扇螅
Copera marginipes

昆虫纲 / 蜻蜓目 / 扇螅科

昆虫纲 / 蜻蜓目 / 扇螅科　"扇螅拳击手"

扇螅是长得比较有特色的一类螅。其雄成虫中足和后足的胫节像加厚了一层，扩大成了扁平薄片状，看起来像树叶，也像拳击手套，雄虫会利用这个结构相互打斗争夺地盘。雌虫则没有这个结构。并非扇螅科所有的种类都有"拳击手套"，比如黄纹长腹扇螅就没有。

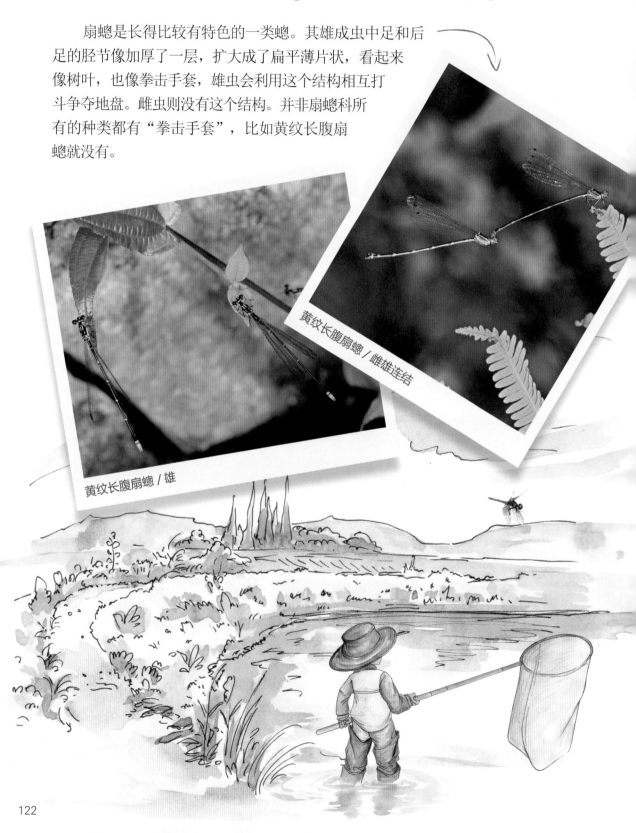

黄纹长腹扇螅 / 雌雄连结

黄纹长腹扇螅 / 雄

黄纹长腹扇螅

黄狭扇螅 / 雌雄交配

黄狭扇螅 / 雄

黄狭扇螅 / 雌雄连结产卵

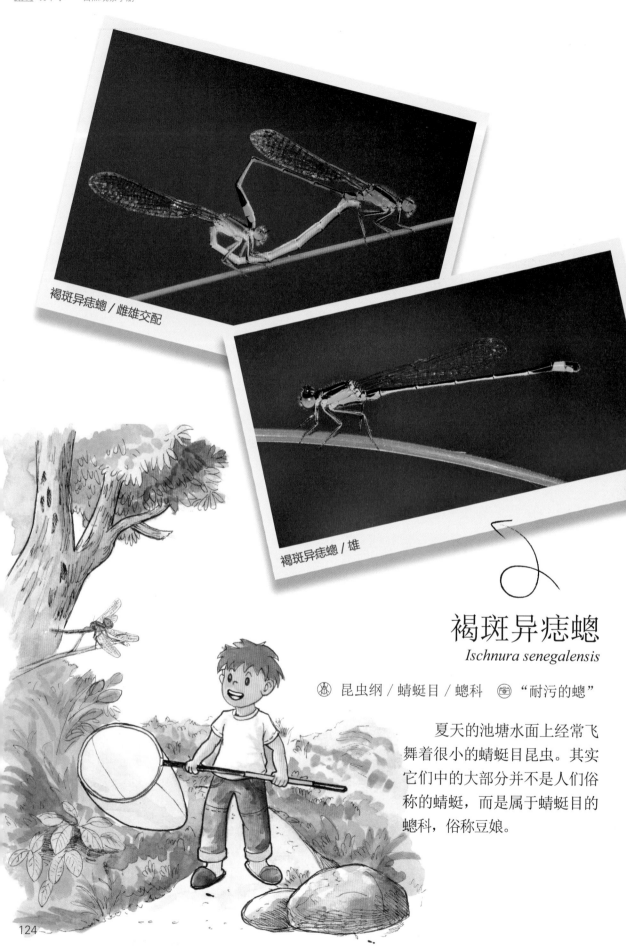

褐斑异痣蟌／雌雄交配

褐斑异痣蟌／雄

褐斑异痣蟌
Ischnura senegalensis

昆虫纲／蜻蜓目／蟌科　"耐污的蟌"

夏天的池塘水面上经常飞舞着很小的蜻蜓目昆虫。其实它们中的大部分并不是人们俗称的蜻蜓，而是属于蜻蜓目的蟌科，俗称豆娘。

杯斑小蟌
Agriocnemis femina

昆虫纲 / 蜻蜓目 / 蟌科　📷 "耐污的蟌"

杯斑小蟌 / 雌

杯斑小蟌 / 雄

长尾黄螅

Ceriagrion fallax

昆虫纲 / 蜻蜓目 / 螅科

长尾黄螅 / 雌雄连结

长尾黄螅 / 雄

翠胸黄蟌
Ceriagrion auranticum

昆虫纲 / 蜻蜓目 / 蟌科

蜻是蜻
蜓是蜓

晓褐蜻
Trithemis aurora

🐞 昆虫纲 / 蜻蜓目 / 蜻科　　📖 "蜻的彩衣"

晓褐蜻 / 雄

晓褐蜻 / 雌

　　蜻蜓中的蜻和蜓分属两个家族，如何区分这两个类群的成虫呢？蜻和蜓前翅和后翅上都有一个三角室的区域，位于靠近翅基部的中间区域，蜻的前翅三角室和后翅三角室最小锐角的指向明显不同，而蜓的前、后翅三角室最小锐角的指向基本相同。蜻科种类以其他较小的昆虫为食，比如不招人喜欢的蚊子。在低海拔的池塘边可观察到多种红色的蜻科种类，也能见到腹部蓝灰色的鼎脉灰蜻，腹部有白斑的玉带蜻及全球广布的黄蜻。

蜻／前后翅角室最小锐角指向不同

蜓／前后翅角室最小锐角指向相同

黄蜻
Pantala flavescens

⊛ 昆虫纲／蜻蜓目／蜻科　　⊙ "游牧蜻蜓"

黄蜻／雌

玉带蜻／雄

玉带蜻
Pseudothemis zonata

⊛ 昆虫纲／蜻蜓目／蜻科　　⊙ "腰缠玉带"

红蜻
Crocothemis servilia

昆虫纲 / 蜻蜓目 / 蜻科　　"蜻的彩衣"

网脉蜻 / 雄

红蜻 / 雄

网脉蜻 / 雄

网脉蜻
Neurothemis fulvia

昆虫纲 / 蜻蜓目 / 蜻科　　"蜻的彩衣"

赤褐灰蜻
Orthetrum pruinosum

昆虫纲 / 蜻蜓目 / 蜻科　　"蜻的彩衣"

赤褐灰蜻 / 雄

鼎脉灰蜻 / 雄

鼎脉灰蜻
Orthetrum triangulare

昆虫纲 / 蜻蜓目 / 蜻科　　"蜻的彩衣"

碧伟蜓
Anax parthenope julius

昆虫纲／蜻蜓目／蜓科　　"蜻蜓大哥大"

伟蜓成虫的身体相比于平时常见的蜻蜓都要硕大。其雌虫与"蜻蜓点水"产卵的方式不同，雌虫依靠发达而锋利的刺状产卵器产卵，会刺入挺水植物组织或其他水面漂浮物中产卵。

霸王叶春蜓
Ictinogomphus pertinax

昆虫纲／蜻蜓目／春蜓科　　"蜻蜓大哥大"

春蜓的雌成虫为典型的"点水产卵"。其体态与蜓科种类相似，但两复眼距离甚远。多数春蜓喜停息在适合抓握的物体上，比如草尖、枯枝头之类的，有些春蜓种类会选择地表、睡莲叶等比较平坦之处。霸王叶春蜓喜欢停息在水面上位置较高的枝头，以便巡视领地。

霸王叶春蜓 / 雄

霸王叶春蜓 / 雄

霸王叶春蜓 / 雄

霸王叶春蜓 / 雄

碧伟蜓 / 雌雄连结产卵

蝶衣凤舞

金斑喙凤蝶

中华麝凤蝶

中华麝凤蝶
Byasa confusus

昆虫纲 / 鳞翅目 / 凤蝶科

　　麝凤蝶幼虫会取食有毒的马兜铃植物，并转化成毒物储存在自己体内，甚至幼虫发育为成虫后也同样携带毒素。但麝凤蝶成虫并不具有喷射或注射毒液的器官，其毒性只有自己被捕食时才可体现出来，只要不将它吃掉就不必担心。

中华麝凤蝶 / 雌

玉斑凤蝶
Papilio helenus

玉斑凤蝶 / 雌

昆虫纲 / 鳞翅目 / 凤蝶科

玉带凤蝶
Papilio polytes

昆虫纲 / 鳞翅目 / 凤蝶科

　　有科学家考证，梁祝所化之蝶应为玉带凤蝶成虫。该蝶雄虫个体黑色，后翅上的一列白斑恰似梁山伯佩的玉带；而雌虫个体后翅上除几个白斑外常有红斑点缀，正如祝英台衣着的红裙。

玉带凤蝶 / 雄

玉带凤蝶 / 雌

蓝凤蝶求偶

蓝凤蝶
Papilio protenor

昆虫纲 / 鳞翅目 / 凤蝶科

玉斑凤蝶 / 雄

碧凤蝶
Papilio bianor

⚘ 昆虫纲 / 鳞翅目 X 凤蝶科

碧凤蝶

巴黎翠凤蝶
Papilio paris

⚘ 昆虫纲 / 鳞翅目 / 凤蝶科

碧凤蝶

巴黎翠凤蝶

　　以黑色为主色的凤蝶成虫与其他昆虫一样是变温动物，其体温随生态环境气温变化而变化，当阳光充足时它们会展开翅膀朝向阳光并调整角度与方向进行日光浴，将太阳能转化为体能以弥补液态食物能量的不足，这与当今人类太阳能光伏发电系统有异曲同工之效。蝴蝶在地球上的历史至少有1亿年，人类仅约有300万年，而太阳能光伏发电只是近几十年的事。

青凤蝶
Graphium sarpedon

昆虫纲 / 鳞翅目 / 凤蝶科

青凤蝶成虫没有其他凤蝶像"凤尾"的尾突，但其黑色的翅膀上排列着一列水蓝色带状斑纹，显得格外清新亮丽。青凤蝶幼虫喜欢吃樟科植物，比如城市中常见的绿化树如香樟、润楠等。雄蝶为了获取矿物质，常集聚在溪流边或潮湿地面上吸水，远看像帆船般迷人。

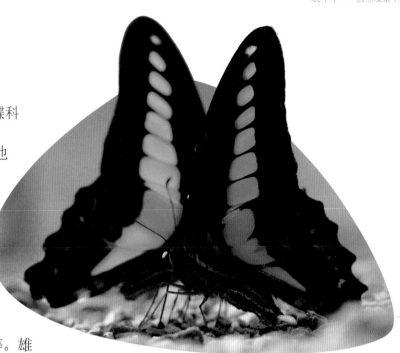

青凤蝶

巴黎翠凤蝶

统帅青凤蝶
Graphium agamemnon

昆虫纲 / 鳞翅目 / 凤蝶科

统帅青凤蝶

金斑喙凤蝶／雄

金斑喙凤蝶
Teinopalpus aureus

🐛 昆虫纲 / 鳞翅目 / 凤蝶科 ◎ 国家一级重点保护野生动物

金斑喙凤蝶是世界珍稀蝶种，被誉为我国的"国蝶"，也是我国国家一级重点保护野生动物名录中的唯一蝴蝶种类。其成虫常在陡峭的高海拔山林中出没，偶尔也会在深山溪流边吸水。金斑喙凤蝶飞翔迅速，常在树冠层绕圈飞行，有时快速冲上高空，有时俯冲急下落入山谷，由于其姿态优美，色彩绚丽，犹如光彩照人的"贵妇人"，因而被称为"蝶中皇后""梦幻蝴蝶"。

金斑喙凤蝶 / 雌

素雅粉蝶

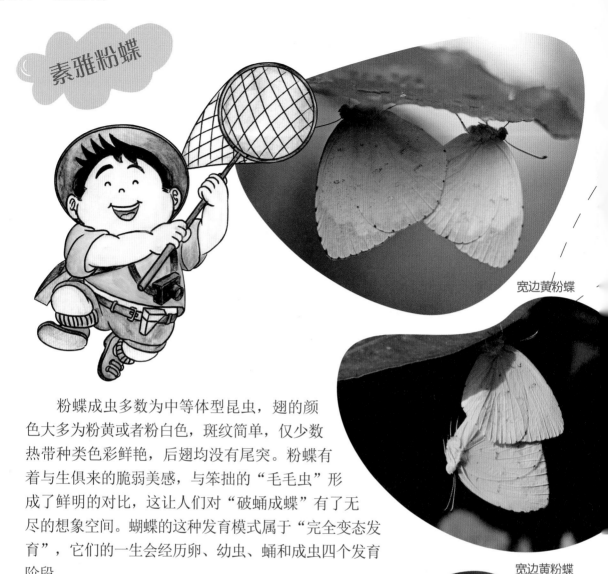

宽边黄粉蝶

宽边黄粉蝶

粉蝶成虫多数为中等体型昆虫，翅的颜色大多为粉黄或者粉白色，斑纹简单，仅少数热带种类色彩鲜艳，后翅均没有尾突。粉蝶有着与生俱来的脆弱美感，与笨拙的"毛毛虫"形成了鲜明的对比，这让人们对"破蛹成蝶"有了无尽的想象空间。蝴蝶的这种发育模式属于"完全变态发育"，它们的一生会经历卵、幼虫、蛹和成虫四个发育阶段。

宽边黄粉蝶
Eurema hecabe

昆虫纲 / 鳞翅目 / 粉蝶科

宽边黄粉蝶

黄尖襟粉蝶
Anthocharis scolymus

昆虫纲／鳞翅目／粉蝶科　"春天里的花仙子"

黄尖襟粉蝶／雌

黄尖襟粉蝶／雌

东方菜粉蝶

东方菜粉蝶
Pieris canidia

昆虫纲／鳞翅目／粉蝶科

东方菜粉蝶／雌

眼蝶迷惑

眼蝶是一类非常好辨认的蝴蝶类群，因为在其成虫的翅膀上有很多非常醒目的眼状环形斑纹。这些眼状斑纹被称为眼蝶的"假眼"。可别小看这些"假眼"，它可是眼蝶的"护身符"。在"适者生存"的大自然中，这些"假眼"能够帮助眼蝶吓唬或迷惑敌人，使得眼蝶在危急关头化险为夷。

矍 [jué] 眼蝶

Ypthima balda

昆虫纲 / 鳞翅目 / 蛱蝶科

矍眼蝶

矍眼蝶

矍眼蝶 / 低温型

曲纹黛眼蝶
Lethe chandica

昆虫纲／鳞翅目／蛱蝶科

曲纹黛眼蝶

曲纹黛眼蝶

小眉眼蝶
Mycalesis mineus

昆虫纲／鳞翅目／蛱蝶科

小眉眼蝶

由于斑蝶幼虫取食马利筋等多种有毒植物，斑蝶成虫的体内含有少许毒素，以至于多数鸟类不愿捕食它们，因此身怀绝技的它们飞行比较缓慢。这也导致了很多无毒的蛱蝶去模拟斑蝶。虽说它们"有毒"，但这些毒素对人类是无害的。斑蝶成虫的腹部末端可以伸出一对"毛笔器"，其功能是在求偶时散发激素以吸引雌蝶，被捕捉时，这对特殊的器官也可以起到驱敌的功效。

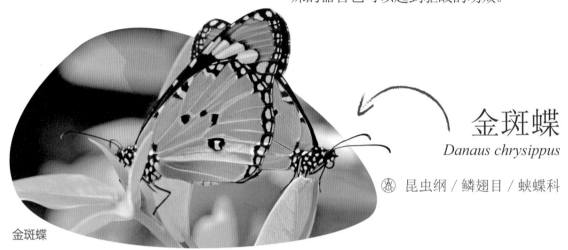

金斑蝶

金斑蝶
Danaus chrysippus

🕷 昆虫纲／鳞翅目／蛱蝶科

虎斑蝶
Danaus genutia

🕷 昆虫纲／鳞翅目／蛱蝶科

虎斑蝶／雄

虎斑蝶／雄

退化的左前足侧面观

啬青斑蝶

啬青斑蝶
Tirumala septentrionis

昆虫纲 / 鳞翅目 / 蛱蝶科

啬青斑蝶 / 雄

腹部末端伸出的毛笔器

异型紫斑蝶
Euploea mulciber

昆虫纲 / 鳞翅目 / 蛱蝶科

腹末端的毛笔器

异型紫斑蝶 / 雄

蛱蝶斑斓

琉璃蛱蝶
Kaniska canace

昆虫纲 / 鳞翅目 / 蛱蝶科

琉璃蛱蝶

琉璃蛱蝶

美眼蛱蝶
Junonia almana

昆虫纲 / 鳞翅目 / 蛱蝶科

美眼蛱蝶

蛱蝶是蝴蝶分类中包含最多物种数量的类群，全世界约有6000种。极大部分蛱蝶成虫的前足已退化，其停息时从侧面上观察如同四足站立。蛱蝶翅正面有鲜艳色彩，翅反面通常暗淡，更有些看起来像枯叶，比如枯叶蛱蝶，它利用惟妙惟肖的保护色能躲避捕食者犀利的眼光。

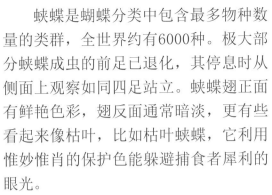

枯叶蛱蝶

枯叶蛱蝶
Kallima inachus

昆虫纲 / 鳞翅目 / 蛱蝶科

美眼蛱蝶

黑脉蛱蝶
Hestina assimilis

昆虫纲 / 鳞翅目 / 蛱蝶科

黑脉蛱蝶

迷你 小灰蝶

灰蝶成虫属小型蝶种，触角具多数白环，翅反面有各种色彩但少有复杂斑纹，部分种类翅正面具有灿烂闪耀的紫、蓝、绿等金属光泽，它们的后翅末端一般都有一条或多条丝状的小"尾巴"。灰蝶常于草地、树林边以及路旁低飞，也常出现在各种草本植物旁。

亮灰蝶
Lampides boeticus

昆虫纲／鳞翅目／灰蝶科　"绿化带小精灵"

亮灰蝶

亮灰蝶

酢浆灰蝶

长腹灰蝶
Zizula hylax

昆虫纲 / 鳞翅目 / 灰蝶科

长腹灰蝶是我国最小的蝴蝶成虫，打个不精确的比喻，它只有成年人小指指甲盖那么大。长腹灰蝶翅面斑纹比较平淡，在灌木丛中若隐若现。

长腹灰蝶 / 产卵

酢浆灰蝶

酢浆灰蝶
Zizeeria maha

酢浆灰蝶 / 求偶

昆虫纲 / 鳞翅目 / 灰蝶科　　"绿化带小精灵"

蚜灰蝶
Taraka hamada

🐛 昆虫纲 / 鳞翅目 / 灰蝶科　🈂 "肉食毛毛虫"

　　蚜灰蝶幼虫是著名的肉食性蝴蝶，"吃肉毛毛虫"名副其实。一只3龄的蚜灰蝶幼虫在竹叶上一天可以吃掉400多只蚜虫，食量是食蚜蝇的4倍，是异色瓢虫的6倍，而且夜间的捕食量大于白天。

蚜灰蝶

蚜灰蝶产卵于竹蚜群中

蚜灰蝶成虫群集吸食蚜虫排泄物

豆粒银线灰蝶
Spindasis syama

昆虫纲 / 鳞翅目 / 灰蝶科　　"互利共栖"

　　豆粒银线灰蝶和古楼娜灰蝶的幼虫生活环境中多有举腹蚁相伴，其与举腹蚁为互惠互利的关系。举腹蚁用触角触碰灰蝶幼虫腹端的吸蚁器以刺激其伸出天线式的翻缩腺，分泌出"醉蚁"的"琼浆玉液"，即蜜露，而灰蝶幼虫获得了保安服务。人类社会中的牧民与奶牛、养蜂人与蜜蜂、养蚕人与家蚕等又何尝不是这样呢？

豆粒银线灰蝶幼虫与举腹蚁群集在枯叶虫巢内

豆粒银线灰蝶幼虫臀板上方伸出柱式翻缩腺

豆粒银线灰蝶的头

天敌会认为这边才
是豆粒银线灰蝶的
头部

古楼娜灰蝶
Nacaduba kurava

昆虫纲／鳞翅目／灰蝶科　"互利共栖"

古楼娜灰蝶 3 龄幼
虫取食星宿菜花蕾

古楼娜灰蝶末龄幼虫取食星宿
菜花蕾，伸出翻缩腺吸引举腹
蚁食蜜露

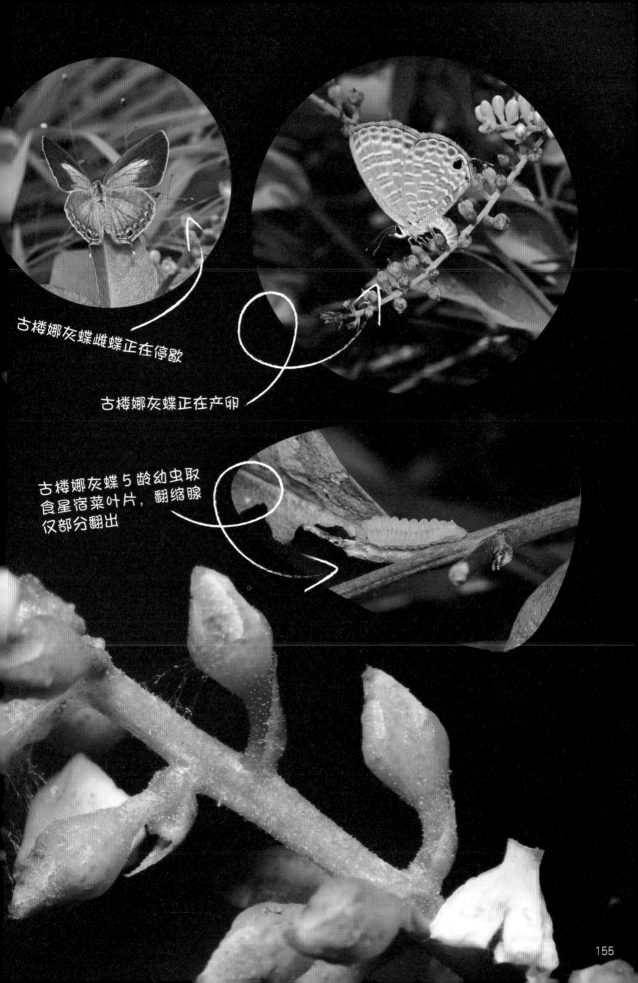

古楼娜灰蝶雌蝶正在停歇

古楼娜灰蝶正在产卵

古楼娜灰蝶 5 龄幼虫取食星宿菜叶片，翻缩腺仅部分翻出

155

玳灰蝶
Deudorix epijarbas

🐛 昆虫纲 / 鳞翅目 / 灰蝶科　　📖 "借果育仔"

　　玳灰蝶幼虫钻蛀果实为害，1个果实往往不能满足其发育的需要，在幼虫期它会转移为害多个果实，而受害果实容易脱落，一旦幼虫随着落果落地，再想回到树上继续为害几乎是天方夜谭。为了防止受害果实落地，幼虫们转移到了新鲜果实时，先吐丝加固果蒂与果穗的连结部位，然后才咬破果皮蛀入，这样就在果树上留下了许多经受害转移后的空果壳在随风摇摆晃荡。幼虫们的蛀孔往往在果实的下方，一来方便排便，二来防雨。为了防止入侵者，幼虫们还将自己的臀板发育成了盾形结构，以封堵蛀孔。

斑灰蝶高龄幼虫臀板上的脸形纹在蛙孔内

曲纹紫灰蝶
Chilades pandava

昆虫纲 / 鳞翅目 / 灰蝶科　　"苏铁敌人"

幼虫食性较为专一的曲纹紫灰蝶随着苏铁在城市种植得日益普遍，其分布的地域也随着扩大。又因幼虫仅取食苏铁嫩梢，且幼虫数量多，往往将苏铁新梢蛀食殆尽后随之完成1个世代；下1个世代又随着苏铁的梢期而发生，苏铁嫩梢连续几个梢期受到危害得不到新叶的光合作用，新陈代谢受到阻断，几个周期就将苏铁折磨得死去活来。

曲纹紫灰蝶

曲纹紫灰蝶

被曲纹紫灰蝶幼虫群集危害苏铁秋梢

被曲纹紫灰蝶幼虫危害的苏铁

曲纹紫灰蝶群集产卵
于苏铁秋梢上

我们蝴蝶的触角是棒槌形

我们蛾类的触角是羽毛形

姜弄蝶
Udaspes folus

昆虫纲／鳞翅目／弄蝶科

黑豹弄蝶
Thymelicus sylvaticus

昆虫纲／鳞翅目／弄蝶科

钩形黄斑弄蝶

Ampittia virgata

昆虫纲 / 鳞翅目 / 弄蝶科

弄蝶成虫大都是不起眼的褐色或黑色小蝴蝶，其色调一般是黑、白、棕、灰，大部分种类身体躯干较大，翅膀较小，在林下特别容易被错认成蛾子。其实仔细看触角就可以区分开来，蝴蝶的触角是像棒槌一样的，而蛾子是细细的或像羽毛一样。

曲纹稻弄蝶

Parnara ganga

昆虫纲 / 鳞翅目 / 弄蝶科

夜行舞者

体态似小桥的尺蛾幼虫

网锦斑蛾

Trypanophora semihyalina

昆虫纲 / 鳞翅目 / 斑蛾科

　　虽然斑蛾幼虫看起来像柔软的果冻，却是一位毒素操控手。其幼虫身上具有分泌毒液的黑色毛囊。当幼虫察觉到危险时，幼虫会将毒素排出体外以防卫天敌。当它认为情况已经安全时，又会把这些液滴重新吸收回身体，循环再用。

网锦斑蛾

斑蛾幼虫

金星尺蛾

Abraxas sp.

昆虫纲 / 鳞翅目 / 尺蛾科

　　金星尺蛾成虫春末至秋初皆可见。其幼虫受惊后会吐丝后从树上跃下并垂于空中，俗称"吊死鬼"。待险情过去，它又会顺着丝爬回树上继续取食。而且尺蛾幼虫爬行身体一曲一弓，有人叫它"造桥虫"，因为它行动时像极了一座小桥。

环夜蛾
Spirama retorta

昆虫纲 / 鳞翅目 / 夜蛾科

环夜蛾成虫最大的特点是前翅上一个像"逗号"的图案，那是它前翅的两个斑纹，还有些像太极图案的半边。这种蛾的雌雄差异很大，雌蛾的体大些，身体上的纹路较为清晰，而雄蛾的体小些，翅上的纹路要模糊很多。

环夜蛾

广鹿蛾

广鹿蛾
Amata emma

昆虫纲 / 鳞翅目 / 鹿蛾科

鹿蛾成虫外形酷似黄蜂。翅面常缺鳞片，形成透明窗。成蛾在花丛中飞翔吮吸，休息时翅张开，因为鹿蛾体钝，加上后翅很小，飞翔力较弱。

咖啡透翅天蛾
Cephonodes hylas

昆虫纲 / 鳞翅目 / 天蛾科

并非所有的蛾子都在夜里活动，咖啡透翅天蛾成虫就在白天活动。它喜欢访花吸花蜜，飞行能力强，速度快，左右来回，以修长的口器伸入花朵内，双翅迅速挥动，凌空悬停吸食花蜜，因而被很多人误认为"蜂鸟"。

咖啡透翅天蛾

咖啡透翅天蛾

小小飞蛾也敢模仿我的样子

枯球箩纹蛾

枯球箩纹蛾
Brahmaea wallichii

昆虫纲 / 鳞翅目 / 箩纹蛾科

枯球箩纹蛾成虫翅上密布波浪状的纹路，酷似蟒蛇，还"睁着"两只"大眼"，在台湾阿里山地区，它被称为"阿里山神蝶"。

大山之中
必有大蛾

乌桕大蚕蛾

乌桕大蚕蛾

乌桕大蚕蛾
Attacus atlas

🐛 昆虫纲 / 鳞翅目 / 大蚕蛾科

　　乌桕大蚕蛾是我国体型最大的蛾类，翅展可达21厘米。雄蛾的触角呈羽状，前翅先端整个区域向外明显地突伸，形似蛇头，呈鲜艳的黄色，上缘有一枚黑色圆斑，宛如蛇眼，具有恫吓天敌的作用，因此又叫作"蛇头蛾"。

柞蚕
Antheraea pernyi

昆虫纲／鳞翅目／大蚕蛾科

大蚕蛾科中多数种类都是中大型蛾类，成虫颜色艳丽，这与我们印象中灰色的扑棱蛾子大相径庭。有的种类拥有仙气飘飘的长"尾巴"，实为后翅的尾突。

长尾大蚕蛾
Actias chapae

昆虫纲／鳞翅目／大蚕蛾科

绿尾大蚕蛾
Actias ningpoana

昆虫纲／鳞翅目／大蚕蛾科

铠甲武士

扁锹甲
Serrognathus titanus platymelus

Ⓢ 昆虫纲／鞘翅目／锹甲科

适应性极强的扁锹甲成虫是很多孩子的启蒙甲虫，很多地方都能见到它的身影。其大颚尖利有力，像把大剪刀，人手可被夹出血来，别称"剪刀虫"。其喜食柳树、构树等阔叶树的伤口流出的树汁。

扁锹甲／雌

看我无敌剪刀手

扁锹甲／雄

中华奥锹甲／雄

我们是摔跤好手

中华奥锹甲
Odentolabis cuvera sinensis

Ⓢ 昆虫纲／鞘翅目／锹甲科

中华奥锹甲／雌

中华奥锹甲成虫在求偶、觅食期间，两头雄性在树上相遇时极容易发生争斗，其中一只会用强壮的上颚钳住对方，将其身体往地上摔，直至"断脚断颚"。成虫喜食栎树等阔叶树伤口流出的树汁。

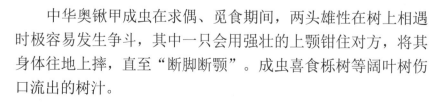

双叉犀金龟 / 雌

双叉犀金龟
Allomyrina dichotoma

🦗 昆虫纲 / 鞘翅目 / 金龟科

　　双叉犀金龟成虫又名"独角仙"，雄虫天性好斗，为了争夺食物和交配权会用头部的犄角在树上搏斗。搏斗的双方会先上下晃动额角，有时会收缩腹部发出尖锐的"叽叽"声示威。如果双方战意十足，那么它们会努力将额角插入对手的身体下方，将对手顶起掀翻，掉落树下的失败者往往得不到食物而灰溜溜地逃走。

双叉犀金龟 / 雄

俺们也是仙

双叉犀金龟 / 雄

十斑大瓢虫
Anisolemnia dilatata

🐛 昆虫纲 / 鞘翅目 / 瓢虫科

　　并非所有的瓢虫都是益虫。瓢虫分为肉食性瓢虫和植食性瓢虫。成年的肉食性瓢虫会捕食任何肉质软嫩的昆虫，最喜欢吃的是蚜虫，十斑大瓢虫就是典型的肉食性瓢虫。植食性瓢虫则大多以茄科、葫芦科植物为食，例如马铃薯瓢虫、茄二十八星瓢虫等。

华星天牛

华星天牛
Anoplophora chinensis

🐛 昆虫纲 / 鞘翅目 / 天牛科

　　天牛因幼虫会用锋利的牙咬破树皮进入树干，在树木深处兴风作浪，为非作歹，严重破坏树木的输导组织，使树木干枯死亡，所以有"锯树郎"之称。天牛成虫长得威风凛凛，尤其超过体长的触角显得格外引人注目。

栉角萤
Vesta sp.

❋ 昆虫纲／鞘翅目／萤科

栉角萤是白天活动的萤火虫，雌雄萤成虫均发出微弱持续光。萤火虫发光细胞含有两种特别的成分：一种叫荧光素，一种叫荧光酶。荧光素和含能量的物质结合，在有氧气时，受荧光酶的催化作用，使化学能转化为光能，于是产生光亮。萤火虫常常一闪一闪地发光，是因为它能控制对发光细胞氧气供应的缘故。

毒隐翅虫
Paederus sp.

❋ 昆虫纲／鞘翅目／隐翅虫科

隐翅虫成虫趋光性强，常受灯光引诱飞入室内，在墙壁、家具、衣物表面上爬行。若发现毒隐翅虫停留在皮肤上，应吹气驱走，切勿用手拍击。若不慎被其伤害，应及时用肥皂清洗接触的皮肤，涂氨水以中和酸性毒液。因隐翅虫毒液而引起皮炎，可去医院治疗。

凹头叩甲

Ceropectus messi

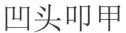 昆虫纲 / 鞘翅目 / 叩甲科

　　叩甲成虫若不慎被天敌逮住，它会先弯下前胸，将头部垂下，又突然挺胸扬起头，还伴随着咔哒的声音，就这样反反复复，不停地"叩头"，因此得了个"磕头虫"的名号。叩甲的这种弹跳能力，不仅能帮助叩甲逃生，也能让其越过障碍物。

凹头叩甲 / 雄

凹头叩甲 / 雌

夏日狂躁

蟪蛄 [huì gū]
Platypleura kaempferi

🐞 昆虫纲 / 半翅目 / 蝉科

　　很少有昆虫的名字因为语文课本而家喻户晓。细想
来，恐怕也只有蜉蝣和蟪蛄了。"朝菌不知晦朔，蟪蛄
不知春秋。"2000多年前，庄子就通过《逍遥游》
奠定了蟪蛄延续至今的知名度。蟪蛄的鸣声比
较单调，是相对单一的"吱"声，没有婉转
的曲调。

黑蚱蝉
Cryptotympana atrata

🐞 昆虫纲 / 半翅目 / 蝉科

　　蝉（知了）是多数人童年中的记
忆。蝉鸣就是蝉成虫求偶交配的重要
手段。雄蝉的腹部有鼓膜发音器，可以
通过收缩运动来发出响亮的鸣声。雌蝉的
发音构造不完全，不会鸣叫。

蝉科昆虫（知了）还有许多近亲，如蜡蝉、沫蝉、叶蝉等。它们名字中虽然有"蝉"字，却都不能鸣叫。

是蝉不"叫"蝉

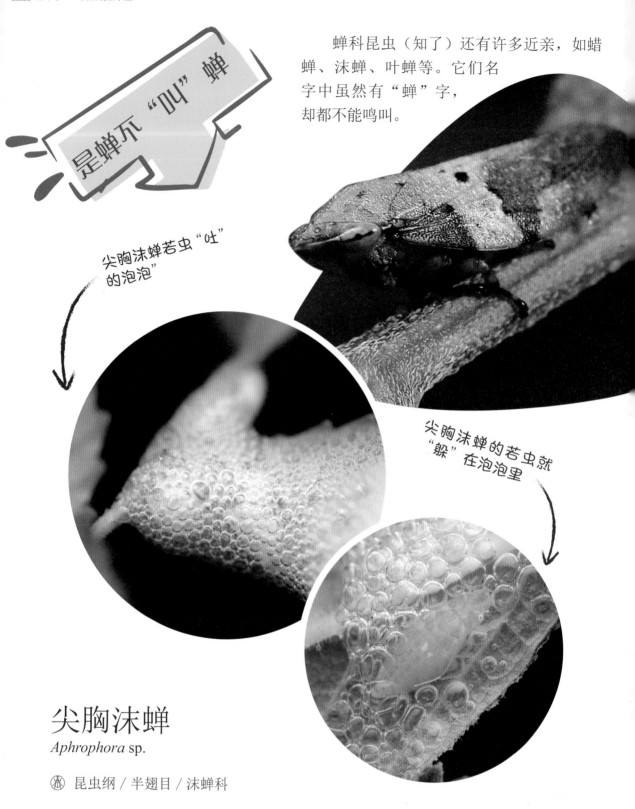

尖胸沫蝉若虫"吐"的泡泡"

尖胸沫蝉的若虫就"躲"在泡泡里

尖胸沫蝉

Aphrophora sp.

昆虫纲 / 半翅目 / 沫蝉科

刚孵化的若虫自带"吐"沫技能，它头朝下将嘴巴扎进植物嫩茎吸食水分和营养物质，再通过翘起的腹部，将这些水分排出。除了水分，沫蝉还会分泌一些胶状黏液，与排出的水分混合后，再被身体呼出的气体一吹，就产生了泡泡，就像人们小时候用洗洁精水吹泡泡一样。

龙眼鸡

Fulgora candelaria

🐞 昆虫纲／半翅目／蜡蝉科

在荔枝或龙眼树上见过龙眼鸡成虫的人，没有不被这种有手指大小的美丽虫子着迷。捉龙眼鸡并不难，也没有什么诀窍，但凭眼力好。它属于不机灵的小动物，只要发现了，用个开口较大的瓶子慢慢靠近它，再突然罩住，要捉住它就不难了。

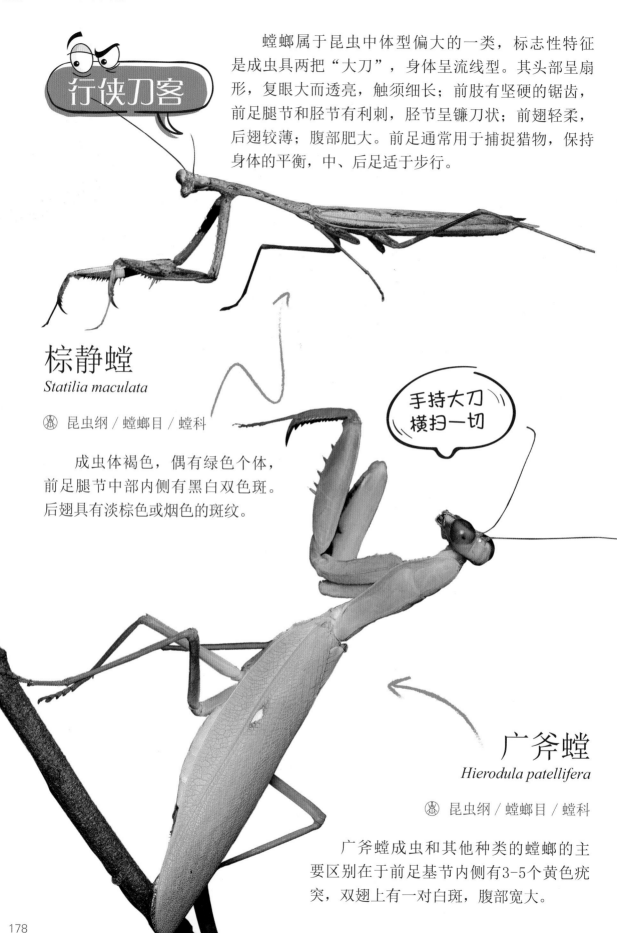

行侠刀客

螳螂属于昆虫中体型偏大的一类，标志性特征是成虫具两把"大刀"，身体呈流线型。其头部呈扇形，复眼大而透亮，触须细长；前肢有坚硬的锯齿，前足腿节和胫节有利刺，胫节呈镰刀状；前翅轻柔，后翅较薄；腹部肥大。前足通常用于捕捉猎物，保持身体的平衡，中、后足适于步行。

棕静螳
Statilia maculata

🦗 昆虫纲 / 螳螂目 / 螳科

成虫体褐色，偶有绿色个体，前足腿节中部内侧有黑白双色斑。后翅具有淡棕色或烟色的斑纹。

**手持大刀
横扫一切**

广斧螳
Hierodula patellifera

🦗 昆虫纲 / 螳螂目 / 螳科

广斧螳成虫和其他种类的螳螂的主要区别在于前足基节内侧有3-5个黄色疣突，双翅上有一对白斑，腹部宽大。

中华大刀螳
Tenodera sinensis

昆虫纲 / 螳螂目 / 螳科

成虫体色主要以暗褐色或绿色为主。前足基节浅黄色。前胸背板前端略宽，前端两侧有明显齿列，后端齿列不明显。后翅有较大黑色斑块。

云眼斑螳
Creobroter nebulosa

昆虫纲 / 螳螂目 / 花螳科

成虫前翅中部具有一个较大的淡黄色眼状斑纹，雄虫后翅基部染有洋红色斑纹。

竹节虫，又称"䗛"，因著名的伪装而闻名世界。竹节虫卵的拟态也比较明显，其雌虫产的卵散落在地上，卵通常为椭圆形、梭形或不规则形状，卵壳坚硬；卵表面颜色为棕色、暗黄色等，色泽与周围环境颜色相似，还非常像植物的种子。卵混杂在枯枝落叶或杂草丛中，难于辨识，因此能避过天敌取食。

福州长肛䗛[xiū]
Entoria fuzhouensis

昆虫纲 / 竹节虫目 / 䗛科

新棘䗛
Neohirasea sp.

昆虫纲 / 竹节虫目 / 长角棒䗛科

广西瘤䗛
Orestes guangxiensis

🐞 昆虫纲／竹节虫目／异䗛科

叶突长肛䗛
Entoria laminata

🐞 昆虫纲／竹节虫目／䗛科

苍白优草螽 / 褐色型

苍白优草螽 [zhōng]
Euconocephalus pallidus

🐛 昆虫纲 / 直翅目 / 螽斯科

　　螽斯，也就是俗称的"蝈蝈"，成虫喜欢在晚上振翅鸣唱。苍白优草螽雄虫通过发出类似漏电的"滋滋滋"声以吸引附近的雌虫，声音十分特别，不过在苍白优草螽的头上可找不到它的"耳朵"，那是因为它的听器长在它的前足上。在夜晚路过草丛时听到类似声音可以停下观察一下，其常在灌木丛的顶端活动。

苍白优草螽 / 绿色型

悦鸣草螽
Conocephalus melas

🐛 昆虫纲 / 直翅目 / 螽斯科

悦鸣草螽 / 若虫

　　悦鸣草螽雄成虫主要白天鸣叫，尤其喜欢在晴朗天气的太阳直射下鸣叫，一次鸣叫时间较长。它同蝈蝈和蟋蟀一样，也是依靠左右翅的摩擦发声。它的若虫体色非常靓丽，其身体像穿着红色套装和黑色裤子，显得格外精神。

悦鸣草螽 / 雄

中华树蟋
Oecanthus sinensis

昆虫纲 / 直翅目 / 树蟋科

　　树蟋俗称竹蛉，是一种身体较为柔软且形态特殊的蟋蟀。成虫头部的嘴往前探出去，前胸背板窄长，前翅前窄后宽，后足较为纤细。其颜色多为黄色或绿色，一般栖息在植物叶片上，有的个体会利用叶片孔洞或合拢两片叶子，充当扩音机，发出十分响亮的鸣声。

中华树蟋 / 雌雄求偶

中华斗蟋 / 雌

中华斗蟋
Velarifictorus micado

昆虫纲 / 直翅目 / 蟋蟀科

　　人们常说的"蛐蛐儿"大多时候指的是中华斗蟋。雄成虫两侧前翅结构不对称，有音锉，左右前翅互相摩擦这一部位即可发声鸣叫。如果膜翅摩擦时相对身体所抬起的角度不同，摩擦频率将发生变化，从而带来不同的声音，这为斗蟋的演奏赋予了不同的旋律。

秋后蚂蚱蹦不了几天

黄脊竹蝗
Ceracris kiangsu

昆虫纲 / 直翅目 / 蝗科

在古代，民以食为天，由于蝗灾一发生，家家户户的粮食都要被蝗虫吃掉一部分，不可阻挡，这就好比"皇帝"每年来收"皇粮"，"收缴"大量粮食，故称"蝗虫"。

蝗虫的头顶两侧有一对椭圆形的复眼，是它主要的视觉器官。在复眼和触角基部之间的位置隐藏着它的单眼。单眼的作用是感觉光线的强弱。其胸部和腹部背板，是它全身最坚硬的部位，如同护身铠甲，可以很好地支撑身体和保护内部器官，还能防止体内水分过度蒸发。

黄脊竹蝗

中华剑角蝗
Acrida cinerea

昆虫纲 / 直翅目 / 剑角蝗科

剑角蝗俗称"草蜢"。在闽南地区流传着《草蜢弄鸡公》的童谣："草蜢弄鸡公，鸡公噼噗跳，草蜢死翘翘。"翻译过来就是：蚂蚱捉弄大公鸡，公鸡被蚂蚱捉弄得上蹿下跳，结果一口把蚂蚱啄死了。远久流传的童谣生动体现了劳动人民生活中有趣的自然现象。

棉蝗
Chondracris rosea

昆虫纲 / 直翅目 / 斑腿蝗科

棉蝗

中华剑角蝗

家白蚁
Coptotermes formosanus

昆虫纲 / 蜚蠊目 / 鼻白蚁科

白蚁非蚁

白蚁是自然环境中能够高效降解木质纤维素的昆虫之一。白蚁巢是由无数个体组成一个紧密联系的整体，个体间相互依赖，以群居生活的形式生活在木材里或树干、树根内。其巢形态多变，有的简单，有的复杂，所含群体数量大小不一，少则几百只，多则上百万。白蚁的工蚁和兵蚁无翅，繁殖蚁有翅。夏季夜晚，在电灯下经常能看到集群乱飞的繁殖蚁。别看它们弱不禁风，翅膀一碰就折，断翅的繁殖蚁可能会在屋内繁殖筑巢，如此一来，它们甚至会把屋子啃出一个大窟窿。

在亲缘关系上，白蚁更接近蟑螂，而不是蚂蚁。"千里之堤，溃于蚁穴"中的"蚁"说的就是白蚁。

断翅的繁殖蚁

繁殖蚁

家白蚁的兵蚁和工蚁

我们是特殊的蜂

蜂行天下

举腹蚁
Crematogaster sp.

昆虫纲 / 膜翅目 / 蚁科

举腹蚁成虫能够从树叶上剪下一小块，并将其带回到巢穴中用来种植蘑菇。蘑菇提供了蛋白质和碳水化合物，使蚂蚁能够生存下去。当它遇到危险时，会抬起腹部摆动，分泌蚁酸。工蚁具有微小的螯针，用于防御敌害。

竹木蜂
Xylocopa nasalis

🐝 昆虫纲 / 膜翅目 / 木蜂科

　　木蜂和蜜蜂成虫形态相似，但习性完全不同。木蜂像个大侠，独来独往，营独居生活，多在干燥的木头和竹子上蛀孔营巢，巢室由木屑及植物碎片等混以唾液作成室壁，独立抚养下一代。白天外出采集花粉贮存于巢内，以供幼虫食用。

东方蜜蜂
Apis cerana

昆虫纲 / 膜翅目 / 蜜蜂科

　　蜜蜂成虫是高度社会化群居生物，蜂王、雄蜂及工蜂生活于同一巢内，以群体为生存单位，3种个体在形态、生理和职能上均有区别。蜂王专司生殖产卵；雄蜂较蜂王小，专司交配，交配后即死亡；工蜂为不发育的雌蜂，专为筑巢、采集饲料、喂育幼虫、清洁巢室和调节巢温等。作为高度社会化群居生物，蜜蜂个体之间的交流是以"舞蹈"和外激素来体现，主要有"8"形舞、"0"形舞、摆尾舞、"呼呼"舞、报警舞。

马蜂的巢

陆马蜂
Polistes rothneyi

昆虫纲 / 膜翅目 / 胡蜂科

　　马蜂成虫以纸质蜂巢而闻名，其筑巢技艺十分高超，可以从植物、枯木等处收集纤维材料，咀嚼后与唾液混合形成特殊的纸浆并用来建造较小巢穴。

胡蜂科昆虫主要有三个类群：胡蜂、马蜂和蜾蠃，三者成虫可通过不同"腰"的粗细来区别：胡蜂的是"水桶腰"，马蜂的是"小蛮腰"，蜾蠃的是"水蛇腰"。

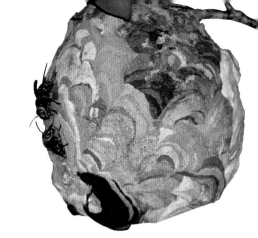

胡蜂的巢

三齿胡蜂
Vespa analis

昆虫纲 / 膜翅目 / 胡蜂科

胡蜂成虫以庞大的蜂巢和强烈的攻击性而著称，常在人居附近筑巢活动。其巢一般为近圆形，而且体积大，结构也很复杂，具有一层又一层的"外墙"。

弓费蜾蠃[guǒ luǒ]
Phimenes flavopictus

昆虫纲 / 膜翅目 / 胡蜂科

蜾蠃成虫是个天生的"陶艺匠"，雌虫从河边的湿地上采集潮湿的泥土，用前足和下颚将浑圆的小泥球抱回巢穴，之后便开始熟练地建出造型精致的"陶罐"作为巢穴。

蜾蠃的巢

蚓腹蛛

Ariamnes sp.

⊛ 蛛形纲／蛛形目／球蛛科

　　蚓腹蛛是蜘蛛里的伪装高手，它可以像竹节虫那样伪装成植物的细枝或者卷须。它主要捕食一些小昆虫，也会捕食其他蜘蛛。蚓腹蛛算是一种勤俭持家型的蜘蛛，它结的网十分简单，只有几根蛛丝，而且这些蛛丝是没有黏性的，当猎物落网时，它才会向猎物投掷有黏性的蛛丝。

角红蟹蛛
Thomisus labefactus

蛛形纲／蛛形目／蟹蛛科

角红蟹蛛属于游猎型蜘蛛。为了能捕获更多的食物，它在外形上利用颜色的相似性，将自己完美地隐藏在白色花朵之中，同时，小巧的个体易于隐藏在花朵中心部位，更加容易捕获前来采食花粉的小昆虫。

角红蟹蛛正捕获一只来采蜜的蜜蜂

白额高脚蛛
Heteropoda venatoria

蛛形纲／蛛形目／巨蟹蛛科

白额高脚蛛属于游猎型蜘蛛，平常白天喜欢躲在屋顶、橱柜缝隙等处，夜间出来觅食，捕捉蟑螂或飞行的昆虫。它主要依靠振动来感知被捕食对象的存在。在南方城市房间里见到的大蜘蛛一般都是它。

斑络新妇
Nephila pilipes

蛛形纲 / 蛛形目 / 络新妇科

　　体型较大的斑络新妇颜色虽然很华丽，但毒性很小，每400-500只蜘蛛才产1克毒；而且它的毒主要用来麻痹猎物，对人基本无害，因为它的口器甚至不足以咬破人的皮肤。

多足动物

浙山蛩
Spirobolus walkeri

倍足纲 / 山蛩目 / 山蛩科

浙山蛩属于巨大的"千足虫"，与蜈蚣比较，其每个体节具两对足，蜈蚣则每节一对足。另外山蛩多圆柱形，蜈蚣多扁平。山蛩没有毒颚，不会咬伤人体，但在它的身体两侧具有臭腺小孔，能分泌出有毒的化学物质，这不但能保护自身不受敌害侵袭，而且有人们接触了它，会引起皮肤过敏。

浙山蛩

霍氏绕马陆

霍氏绕马陆
Helicorthomorpha holstii

倍足纲 / 带马陆目 / 条马陆科

体小的"千足虫"，触角黑色，各体节边缘呈弧形状，体侧具黑色纵线，体背有十分醒目的橙红色斑块，各体节各有一对淡褐色半透明的足。每当夜幕降临，这种马陆会悄然无息地在公园花坛的土壤表面爬行。

少棘蜈蚣
Scolopendra mutilans

唇足纲 / 蜈蚣目 / 蜈蚣科

别名红头蜈蚣，体背墨绿色，每个体节具一对足，步足多为黄色。性畏光，昼伏夜出，以捕食昆虫为主。虽没有毒牙，但头下方有一对尖端黑色且锋利的颚足，其与毒腺相连，颚足可注射麻痹猎物的毒液。

德氏蜈蚣

德氏蜈蚣
Scolopendra dehaani

唇足纲 / 蜈蚣目 / 蜈蚣科

别名红龙蜈蚣，体较大，全身呈红褐色。蜈蚣和千足虫一样，都是地球陆地上最早的居民之一，即便是在数亿年前，蜈蚣的身体结构也基本和现在差不多。

腹足纲动物是软体动物中种类数量最多的一个类群，现存约8万种腹足纲生物，包括海生贝类和陆生贝类，它们的物种多样性仅次于昆虫。

陆贝**家族**

灰巴蜗牛
Bradybaena ravida

🐌 腹足纲 / 柄眼目 / 巴蜗牛科

　　蜗牛属于腹足纲动物，它和海里的海螺、湖泊里的田螺都是近亲。在长期的演化过程中，蜗牛种类繁多。目前已知的蜗牛记述有3万种以上。当处于干旱的时候，灰巴蜗牛会吸附在硬的物体上并且用一层膜封堵壳口以此进入休眠状态。当你撕掉表面的一层膜，可以看到里面还有一层很密实的膜，这层膜对防止水分散失作用更大。这时往壳口加一些水，就能唤醒休眠的蜗牛。

双线嗜黏液蛞蝓 [kuò yú]

Meghimatium bilineatus

🕷 腹足纲／柄眼目／嗜黏液蛞蝓科

　　蛞蝓对太阳光有明显的趋避性。日出时，蛞蝓爬行速度最快，每15分钟移行约65厘米，并迅速潜入阴暗处躲藏。在暗室内，不论白天夜晚都能进行活动取食。蛞蝓常在夜间开始活动，夜间23点至次日凌晨3点为蛞蝓活动取食高峰。

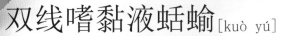

双线嗜黏液蛞蝓

拟阿勇蛞蝓

拟阿勇蛞蝓

Ariophantidae sp.

🕷 腹足纲／柄眼目／拟阿勇蛞蝓科

　　拟阿勇蛞蝓，也称为"半蛞蝓"，是介于蛞蝓和蜗牛之间的物种，蛞蝓收缩时，足部往往不能完全缩入壳内。它不像蜗牛那样背着大房子，也不像光溜溜的蛞蝓那样义无反顾地放弃"房子"。它背着一个未完全退化的小壳，受到威胁时它会用肉体保护房子。

陆生外来入侵物种

外来入侵物种是那些出现在自然分布范围以外，且不需要人类照顾就可以繁殖后代、形成巨大种群规模，并且给当地生态环境造成巨大影响的物种。外来入侵物种的生存能力、繁殖能力都很强。因为它们在当地无天敌，这就可能严重影响本土物种的繁衍，给当地的生物多样性造成很大的负面影响，而且这些入侵物种，大部分是由于人类的行为造成的，比如放生活动等。

红耳龟
Trachemys scripta elegans

爬行纲 / 龟鳖目 / 泽龟科

红耳龟寿命约25年，是世界公认的生态杀手，已经被世界环境保护组织列为100多个最具破坏性的物种之一，多个国家已将其列为危险性外来入侵物种，对自然环境的破坏难以估量。

红火蚁
Solenopsis invicta

昆虫纲／膜翅目／蚁科

　　红火蚁原分布于南美洲巴拉那河流域，在20世纪30年代末开始侵入美国南部地区。随着旅行和交通的发展，红火蚁迁移到世界各地。红火蚁作为一种入侵物种，对农业生产、生态和人类身体健康有严重危害。

火红蚁的巢穴

美洲大蠊
Periplaneta americana

昆虫纲 / 蜚蠊目 / 蜚蠊科

　　美洲大蠊是家栖昆虫中体型最大的。虽然它臭名昭著，但有人会饲养它吃餐厨垃圾，3亿只美洲大蠊仅仅一天就能吃掉15吨！利用蟑螂来处理生活垃圾，实现真正意义上的变废为宝。蟑螂里除了极少数的害虫种类，剩下的近5000种已经命名的蟑螂都是不折不扣的森林益虫，它们和白蚁一起担负分解朽木和落叶的重任。

美洲大蠊

非洲大蜗牛
Achatina fulica

腹足纲 / 柄眼目 / 玛瑙螺科

　　非洲大蜗牛的繁殖力惊人，加上适应力超强，扩张又快，反而压缩了许多原生蜗牛的生存空间。其食量很大，常危害农田、苗圃和果树，造成农业上的损失，可以说是外来入侵生物的典型事例。非洲大蜗牛据说是法国人最爱的美食之一，不过非洲大蜗牛是线虫的中间宿主，还是不吃为妙。

非洲大蜗牛